林浩然，李建學，衡孝芬　編著

旅行於時間縫隙

未知地球
文明謎趣

U0078327

水晶人頭 × 南極賊鷗 × 骷髏海岸 × 死亡公路……
從古老神話到現代科學，見證地球上那些令人嘆為觀止的真相與謎題

【未解之謎 × 自然奇觀 × 傳說解密】

從陸地到海洋，從微觀生物到宏觀自然現象，
從古老傳說到現代科學發現，一幅豐富多彩的地球圖景！

目錄

目 錄

第五章　難以破解的謎題

目 錄

目 錄

前言

飛碟、恐龍、野人、怪獸、人類、自然……組成了宇宙大迷宮，編織了人類萬花筒，真是奧妙無窮，神祕莫測，無奇不有，怪事迭起，許許多多的謎團現象簡直不可思議，使我們捉摸不透自己的生存環境。

雖然現今科學日新月異，達到了新的巔峰，但對於許多謎團還是難以圓滿解答。人們都希望發現天機，破解人類謎團。古今中外許多科學先驅不斷奮鬥，一個個謎團不斷解開，推進了科學的發展，但又發現了許多新的奇怪事物和現象，又不得不面對新的挑戰及問題。

這正如達爾文（Charles Darwin）所說：「我們了解自然界的固有規律越多，這種奇妙對於我們就更加不可思議。」科學不斷發展，人類探索永無止境，解決舊問題，探索新領域，這就是人類一步一步發展的足跡。

本書集知識性、趣味性、新奇性、疑問性與科學性於一體，深入淺出、生動可讀、通俗易懂、圖文並茂，目的是使讀者在興味盎然地領略世界謎團的同時，能夠深入思考，啟迪智慧，開闊視野，增加知識，能夠正確了解這個世界，激發求知的欲望和探索的精神，激起熱愛科學和追求科學的熱情，掌握開啟人類和自然的金鑰匙，使我們真正成為人類和自然的主人，不斷認識人類，不斷改造自然，不斷推進人類文明向前發展。

前言

第一章
是眞相還是傳說

水晶人頭的由來 ────────

水晶人頭

據美洲的印第安人所言，他們的祖先留給了他們 13 顆能言善道的水晶頭骨，它們知道過去並且能預言未來。還說將來有一天人們會找到所有的水晶頭骨，並且把它們聚集在一起，集人類大智慧於一體，發揮它們的作用。人們把它當作一個美麗的神話，一代代的流傳了下來，但是並沒有人知道它到底是什麼樣的，甚至懷疑它是否真的存在。

即使從沒有人見過水晶頭骨，一些考古學家們對此卻深信不疑。1924 年，英國的一位探險家組織了一支探險隊，經水路來到了中美洲，與他同行的還有他的女兒。他們在當地人的幫助下，終於找到了一處馬雅文明的遺址。但是這座古城早已被大樹、蔓藤嚴密覆蓋，他們花了將近一年的時間才讓它恢復原本的面貌。眼前的這座古城讓探險家們都感到震驚，它的高度足足有 150 英尺，占地 7 平方英里，遠遠高出了周圍的村落，而且全部由割好的白石砌成。城堡由金字塔、宮殿、冢墓、地下室等組成，馬雅人在完全沒有任何機械裝置的條件下，建造出如此恢弘的宮殿，可見當時的勞動力。

看到這些，探險家的女兒也感到興奮不已，於是她登上城堡的最高處，準備流覽一下這裡的風光。這時她忽然覺得在金字塔的裂縫深處有一道亮光，於是她趕快告訴父親，經過探險隊員的努力，他們終於搬開了裂縫周圍鬆動的石塊，最後發現亮光是來自一個酷似人頭骨的水晶物品，不過這個水晶頭骨只是上半部分，幾個月以後，探險家們又在附近找到另一半的水晶頭骨，它們合在一起剛好和真人頭骨相同大小。整顆頭骨長約 18

公分，寬、高都為 13 公分，重量大約有 6 公斤。根據專家們研究，這顆水晶頭骨是模仿成年女人的頭骨，用一塊完整的水晶雕刻而成的，做工精緻、設計巧妙。

專家們將水晶頭骨與真人頭骨做了比較，只有眼睛的特徵稍稍與真人有點偏差，其餘幾乎都一樣。大家都知道光學產生於 17 世紀左右，而人們認識自己的骨骼結構也是在 18 世紀以後的事了，而這個雕刻水晶頭骨的人應該非常了解人體骨骼結構和光學知識的，那麼一千多年前的馬雅人真的擁有如此高的科技水準嗎？另外水晶的質地雖然硬，但是易碎，那時的人又是利用什麼工具打磨的呢？因此科學家們推斷：一千年前的人要想製作這樣一顆水晶頭骨，只能用水或細沙一點一點地打磨，並且需要一天 24 小時不停地製作幾百年，才能做成這樣的曠世傑作。

種種表現在水晶頭骨上的謎團都讓人感到不可思議，於是就有人推斷，這並不是馬雅人所製作，也許是哪些天外來客的傑作。在他們離開時，把它作為禮物贈送給了馬雅人，於是馬雅人把它收藏起來，直到被英國的探險家們發現。對於這種說法，科學家們無從考證，但當科學無法對一些神祕現象提出合理解釋時，也許這種推測更讓人容易接受。

人類的發源地 ━━━━━━━━━━━━

人類發源地在哪裡

世界上有四大人類文明發源地，它們分別是印度河流域、兩河流域、黃河和長江流域以及尼羅河流域。有人類的地方才會有文明，但是人類的發源地究竟在什麼地方？社會學家和考古學家眾說紛紜，各執己見。下面

我們就來介紹一下幾種比較有代表性的觀點。

　　根據考古學家的分析，亞洲是人類祖先最早的發源地。其依據是，最近十幾年，考古學家在巴基斯坦發現了相當數量的靈長目主要家族成員的化石，尤其是在南亞地區發現的靈長目家族化石，距今已有兩、三萬年的時間。經過考古學家分析，這些類人猿祖先主要生活在亞洲地區。2005 年在緬甸中部出土了「甘利亞」化石碎片，推算後可以得知，該化石距今已有 3,800 萬年。「甘利亞」的發現顯示早在 3,800 萬年前，早期的亞洲類人猿就已經呈現出現代猴子的特徵。1994 年發現中華曙猿足骨化石，是至今世界上最古老也是最小的類人猿化石，而這種生物就生活在 4,500 萬年前的中國東部沿海地區。

　　達爾文在 200 多年前就曾認為人類可能起源於非洲，但當時缺少化石證據。自 1924 年在南非發現第一個「非洲南猿」的頭骨之後，在非洲又陸續發現一系列類人猿的化石，這些化石構成一個相當完整的體系，這一體系成為「人類起源非洲說」的依據。1936 年，在德蘭士瓦地區又發現了一具成年的南猿化石，之後還在克羅姆特萊伊採石場發現完整的南猿下頜骨及頭骨碎片，這些發現引起古人類學家和考古學家的高度重視。接下來，在東非地區又發現了不少非常原始的石器，經過利基夫婦（Louis Leakey & Marry Leakey）20 多年的探索，終於在這裡發現了一具南猿頭骨，即「東非人」，證實了這些原始石器的主人就是非洲南猿。根據這一系列的化石材料分析，人類的發源地很有可能就在非洲。

　　還有一種說法認為西歐是人類的發源地，因為在歐洲有很多古人類的遺址。有人在奧地利挖掘出森林古猿化石，並且認為這種森林古猿就是人類的祖先；同時，在匈牙利和希臘地區都發現有臘瑪古猿化石；也包括海德堡古猿和在法國出土的林猿化石，而林猿化石是最早發現的古猿化石，

但歐洲起源說並不被大多數人認可。

　　達爾文提出演化論之後，人們都逐漸相信人類由猿進化而來。對於何處才是人類的發源地，國際學術界說法不一，每種說法都有自己的論據，我們無法斬釘截鐵的下結論，不過隨著科技的不斷進步，最終有一天，這一問題會得到解決。

我們的祖先是從猿演變而來的嗎

　　人類的演化是一個古老而神祕的問題，達爾文在《物種起源》(*On the Origin of Species*) 一書中明確提到「人是由猴子變來的」。隨著演化論的普及，「人類的祖先是由猿演化來的」這一觀點已經被絕大多數人認可和接受。遺憾的是科學發展到今天，並無法完全解釋人類演化的整個過程。

　　古猿突然間直立起來行走，是人類從猿演化到人的關鍵謎團。從攀爬到直立的跨越式變化，在骨骼上會留下明顯的標記，這就需要化石材料來進行說明。露西是一具生活在 300 萬年前的女性骨骼，根據她的骨骼特徵來推斷，其腦骨骼呈現的是猿腦特徵，但她卻是直立行走的，這很有可能可以說明古猿到人這段還沒有補齊的環節。但另一個問題出現了，古猿為什麼會從樹林轉移到陸地？人們對此有很多猜測，有人認為，隨著不斷演化，古猿學會使用工具，陸地上有更豐富的食物可供牠們食用；還有人認為，氣候的變化帶來毀滅性的森林災害，古猿不得不從樹上轉移到陸地……但這些都沒有科學依據。遺傳學家們正在力求解決這一謎團，要想正確回答這一問題，還會需要非常長的時間。

　　還有一種觀點認為人類是由海洋生物演化而來。他們認為嬰兒最初在母體中被羊水包圍，就像生活在大海一樣；除此之外，新生兒對水都有一

種天生的喜愛，甚至把一個從沒學過游泳的嬰兒放進泳池中，他們會表現出與生俱來對水的熟悉和適應，這是很奇妙的現象。甚至有人認為游泳是人們的一種原始本能，是我們遺傳記憶的一部分，這就更加讓人們有理由從海洋探索人類的演變過程。

　　海洋與人類的生存發展有著非常密切的關係。海洋是生命誕生和孕育之地，直到現在，人們的許多習慣和器官，都明顯保留著其他哺乳動物所沒有的海洋印記。有學者認為，人類是從有鰓的動物演化而來，而魚是世界上最早出現的動物。19世紀末，科學家把目光集中在圓鰭類身上。牠的鰭裡有著獨一無二的骨結構，就像是人類四肢的前身一樣。隨著時間和環境的不斷變化，掌鰭魚開始離開海洋，來到陸地，為適應陸地上的環境，鰭演化成四肢，並開始行走，魚石螈就是最早長出腿及腳的動物。接下來就有了四足獸、直立獸的演變，最終形成了人類。其實，人的頭腦是演化過程中保留最好的證據，而人的頭腦恰恰綜合了魚類和爬蟲類的腦，不但形狀相似，基本功能也是一樣的。因此，也有人說魚是人類的祖先。

出沒在神農架的野人

野人

　　世界上關於野人的報導不勝枚舉，而只有神農架自然保護區中的野人頻頻出沒，且已是常年累月的現象，特別以神農架自然保護區內的板壁岩風景區，是野人出沒最為頻繁的地方。

　　神農架之所以神祕，是因為其獨特的地理環境和氣候特徵造就眾多的自然之謎，其中「野人」之謎是有待解決的世界謎團之一。以中國來說，

關於「野人」的記載可以追溯到春秋戰國時期，唐朝和清朝也都有相關紀錄。不過時代不同，對於「野人」的傳說和記載也不盡相同。除了史書的記載以及大量目擊證人，中國還對神農架進行科學考察，發現大量「野人」腳印和毛髮，經過鑑定，神農架野人是一種介於猿和人之間的靈長類動物。

無論是歷史記載，還是世界其他地區對「野人」體貌的描述，都和目擊神農架野人的證人描述一致。牠們有高大魁梧的身材，全身的毛髮呈棕褐色或者是灰黑色，直立行走，動作快速敏捷，並且非常敏感和機警，甚至還有人聽到牠發出各種叫聲。很多人都知道神農架野人，但從來沒有人能夠活捉野人，甚至也不曾找到野人的屍體，更不用說野人標本了。正因為如此，也有些人推測，世界上根本就沒有野人。

關於「野人」，還有一個傳說。湖北長陽有一個像人也像猿的「猴娃」曾繁盛，小名叫「犬子」。流傳他的母親曾經被野人抓走，回來後好長時間都不敢說話，更不敢出門，後來發現懷孕了，並生下猴娃。猴娃不會說話，只能簡單發出幾個聲音，喜歡吃生食，而且無論春夏秋冬，從來都不穿衣服，更讓人詫異的是，猴娃從出生以來就沒生過病。他似乎很喜歡到樹林裡閒逛，高興的時候就會鼓掌；生氣了就像猩猩一樣，捶打自己的胸脯。這些異於常人的特徵和表現，讓人們不得不懷疑，猴娃就是野人的孩子。

專家還發現猴娃的頭骨上有三條類似於矢狀脊的突起，而人的頭顱經過演化，矢狀脊早就消失了。矢狀脊是人類區別於靈長類動物的特徵之一，這就更加證實猴娃很有可能就是野人和人的後代，但這些都僅僅是懷疑和推測。為了以科學的方式探究猴娃的身世，專家決定到猴娃的家，採集猴娃和他父親及家人的血液進行 DNA 鑑定，因為所有的生命遺傳奧祕都

藏在 DNA 裡。可當專家們趕到時，猴娃已經於 1989 年因食物中毒去世了。

　　猴娃的身世之謎增添了野人的神祕性。如果猴娃真的是野人和人的後代，那麼野人很有可能就是猿演化到人的過渡，這關係著人類的進化和演變的問題。無論野人是否真的存在，這都是一個奇妙的故事。

米納羅人為何與世隔絕

米納羅人

　　米納羅人是世界上所剩不多，且至今仍保持原始社會生活狀態的民族之一。他們生活在喜馬拉雅山南部的贊斯卡谷地，從人種上來說，他們屬於印歐白色人種。米納羅人的眼睛有藍色的，還有黃色、棕色和綠色的，鼻梁都很高，皮膚白皙。而大多數的亞洲民族人種都是黑眼珠，黃皮膚，米納羅人與亞洲人種存在十分明顯的差異。就民族種類來說，米納羅人是歐洲土著民族，他們的語言特徵也和印歐語系相當接近，這可以從他們可以分辨記錄下來的單字進行分析和論證。事實證明，他們確實是印歐人種的後裔。

　　被稱為「世界屋脊」的喜馬拉雅山脈是構造複雜的褶皺山脈，喜馬拉雅山南部的地勢非常陡峭，有的山峰甚至高出河流平原六千多公尺，就像一道天然屏障。地形如此險惡複雜，再加上沒有交通工具，生活在贊斯卡谷地的米納羅人自然成了一個與世隔絕的民族。人類文明發展到現今，他們依舊保持原始社會的生活狀態，也就不足為奇了。

　　米納羅人為母系社會，實行一妻多夫制，女性在家裡掌有絕對的權

力。狩獵是他們最主要的生產活動，也是主要食物來源。他們也會種植葡萄，並會用來釀製葡萄酒；米納羅人還飼養牲畜，並和牲畜共處一室。由於生活環境的限制，米納羅人的衛生設施不佳，女性在分娩時死亡率很高。米納羅人會在石頭上畫畫，在山頂上建造石桌和石棚，用來判斷季節的更替和循環；山崖下同樣建有石桌和石棚，主要是用來祭祀的。這些習俗和歐洲新石器時代的民族風格十分相似，甚至連埋葬的方式也保持著歐洲原始社會的風格。

米納羅人是迄今為止發現唯一一支出於原始社會的印歐語系民族，他們夏天露宿屋頂，冬天住在地窖。他們熟記民族的歷史，對先人的生活狀態描繪得栩栩如生。有學者認為，米納羅人很有可能是失蹤的以色列部落；還有人認為，他們是希臘軍團的後裔。但是，與歐洲原始部落生活和語言都一致的米納羅人，是如何在喜馬拉雅山安居下來的呢？這至今仍是一個無法破解的謎團。

蜥蜴人之謎

蜥蜴人

傳言中的「蜥蜴人」身材高大，皮膚呈現綠色鱗狀，全身長滿了斑點，並且長有一條尾巴，手指和腳趾都只有三個，不但能夠直立行走，奔跑速度也很快，甚至能趕上汽車的速度。除此之外，牠還有驚人的力量，是一種半人半獸的動物，外貌和蜥蜴非常相似。由此可見，「蜥蜴人」與傳說中的「野人」有著一定的相似之處。

最先發現「蜥蜴人」的地方是美國加州的一片沼澤地。從此之後，在

美國就不斷有人目擊「蜥蜴人」，目擊者所描述的樣子非常一致且目擊地點大多都在沼澤地附近。1988 年 6 月的一天下午，一個 17 歲少年在沼澤地邊換車胎的，聽到身後有聲響，當他回頭的時候，他被當時的情況嚇得魂飛魄散。當時一個類似蜥蜴的怪物朝他走來，少年想要躲進車裡，卻被蜥蜴人抓住車門，近距離接觸下，讓少年清楚看到這個怪物有著三根又黑又長還很粗的手指，皮膚是令人作嘔的綠色，並且非常的粗糙，身材高大而強壯。所幸，這個少年最終撿回一條命。

還有一名美國人在發現蜥蜴人的時候，立即向當地政府報告。當調查人員趕到時，蜥蜴人已經消失，但他們在現場發現一些長約 40 公分，似人似獸的腳印，甚至在很堅硬的沙地上也清晰可見，並且發現放在離地面 2 公尺多高的紙板被撕得粉碎。這個消息旋即引起眾人的震驚和轟動，許多專家慕名前往目擊地進行科學考察和研究。但至今為止，並沒有聽說有人捉到「蜥蜴人」。

國際學術界十分重視「蜥蜴人」的出現，他們認為蜥蜴人很有可能與遠古人類的起源和發展有著密切關係。按照達爾文的演化論學說，蜥蜴絕對不會演化成為人類；但在人類演化的漫長歷史中，還遺漏了一些環節，「蜥蜴人」是否也是這些環節中的一部分呢？如果蜥蜴能夠演化成為人類，那麼其他的動物是不是也能演化成為人類呢？人類的演化歷史是不是要重新改寫呢？

還有學者認為，「蜥蜴人」也有可能是從恐龍演變來的，甚至有人認為，蜥蜴人是一種外星人。雖然有不少人相信「蜥蜴人」是存在的，但大部分學者認為，任何一種動物都必須擁有合適的環境和種群，才有辦法繁衍及生存，單個個體是無法長期存在的。而至今為止的報導或傳言中所提到的「蜥蜴人」，都僅是單一個體，從科學的角度分析，這顯然是不可信的。

菲律賓的小黑人 ───────

　　在菲律賓存在一個小黑人部落，他們隨著經濟的發展，與外界的接觸越來越密切，他們的傳統文化和風俗習慣正在逐漸式微。

　　現今，生活在菲律賓的小黑人只剩下三萬多人，他們分別生活在菲律賓的呂宋島、民答那峨島和巴拉望地區，過著群居生活。其中，居住在呂宋島的小黑人被稱作「阿格他」或者「阿依他」，擅長木雕和藤蔓編織手藝；民答那峨島的小黑人叫做「馬馬努瓦」，以製作精巧絕倫的刺繡和串珠聞名；還有一些地區的小黑人能歌善舞，也擅長捕魚。菲律賓小黑人的祖先是生活在中國大陸南部沿海部落，他們為了躲避其他部落的侵害，其中一部分遷到菲律賓群島，形成了現在的菲律賓小黑人。

　　菲律賓小黑人的身高普遍都在 150 公分以下，皮膚棕黑並且十分光滑，很少有體毛，頭髮捲曲，臉龐稍寬，鼻梁短，嘴唇很厚。小黑人的衣著簡陋，只用簡單的布裙遮體，無論男女都赤裸著上身。在裝飾品上，菲律賓小黑人喜歡用貝殼和植物的種子做成項鍊和手鍊，蔓藤和動物的骨骼也是他們十分喜愛的裝飾品。他們相信，這些東西都能像神靈一樣保佑他們。

　　菲律賓小黑人喜歡紋身。自十幾歲開始，他們便會用貝殼在身上刺圖案，隨著年齡的增長，身上的圖案會越來越豐富。紋身是他們用來抵禦鬼神和巫術的符咒，可以用來辟邪，也增加力量和勇氣。

　　菲律賓小黑人實行的婚姻制度是自由戀愛，一夫一妻。男子在向心愛的女子求婚時，為了證明自己有能力養活妻子和兒女，必須親自拉弓，把箭射入女方放在遠處的竹筒裡，否則這個男子就無法贏得女子的芳心。傳說中的「一箭定終身」就是指菲律賓小黑人的求婚儀式。

在現代生活的衝擊下，菲律賓小黑人中許多女子為了追求更好的生活，都脫離自己的部落，嫁到山外。為了保護菲律賓小黑人的傳統文化，菲律賓政府採取必要的保護措施，在他們的居住地設立了保留地，沿襲祖先留下來的生活方式和文化特色，使用本土方言，堅持原始信仰。

雙胞胎真的有心電感應嗎

雙胞胎

美國媒體曾報導一個關於雙胞胎的神奇事件。報導有一對生活在美國的雙胞胎，雖然從出生開始就在不同的家庭生活，在經過了四十多年之後，這對雙胞胎意外重逢，講起他們各自的生活經歷，他們驚訝地發現他們的生活狀態幾乎一模一樣。兩個人的名字都叫做詹姆士，都有機械和木工工藝方面的天賦，就連他們的婚姻也驚人的相似。他們都先後經歷兩次婚姻，第一任妻子都叫做琳達，而現任妻子也擁有共同的名字貝蒂。他們也都有兩個兒子，名字都叫做艾倫和艾蘭。就連他們養的寵物狗也都被取名叫「玩具」。這些不可思議的事情就發生在這對雙胞胎的身上。

而在我們的現實生活中，也經常遇到雙胞胎「心電感應」的例子。在大學入學考試中，就不只一次出現雙胞胎考出相同成績的事例，更讓人驚訝的是，他們不但總成績相同，單科成績也十分相似。還有母親表示，自己的雙胞胎孩子只要有一個生病，另一個也會很快出現相同的症狀，不僅如此，他們的說話方式和情緒也具有高度的一致性。

上述事例不僅讓人感到驚異，更讓人覺得神奇。這難道是巧合嗎？還是雙胞胎之間無論距離有多遠，都會有「心電感應」？

　　雙胞胎可分為同卵雙胞胎和異卵雙胞胎。其中同卵雙胞胎是由一個受精卵發育成兩個個體，由於兩個人的基因相同，不但擁有非常相似的外貌，在興趣、喜好方面也會很相似。從遺傳學上來講，相同的基因會使雙胞胎的智力、思考和應變方式等異常相似，這種現象不是巧合，也不是所謂的心電感應，而是與他們相同的基因有直接關係。

　　同卵雙胞胎不但生理週期一致，心理週期、情緒週期等也很一致，這就可以用來說明雙胞胎常常處於相似的身心狀態。歷史上曾發生過一對同卵雙胞胎在睡夢中因心臟病發作同時死亡的案例，這就是因為他們擁有共同的基因，都患有遺傳性心臟病所導致。身居兩地的人，情緒變化的相似，也是因為他們的情緒週期相近；一個人發生危險，另一個人就會產生預感，這從心理學角度來講更容易理解。

　　生活中總會有很多奇妙的現象讓我們無法理解，科學也不一定能對所有的事情做出判斷。雖然，科學界還沒有直接證據證明雙胞胎之間存在「心電感應」，但對於未知的事情，我們也無法輕易否定。

非洲東部的原始部落

非洲東部的原始部落人

　　受到氣候和地理環境的影響，非洲東部很多地方一直處於非常封閉的狀態，許多的原始部落坐落其中。他們都有屬於自己的生活習慣和服飾特色，甚至使用自己的語言和文字，形成各部落不同的歷史和文化。所以在衣索比亞南部地區、奧莫低谷地區和肯亞地區等地方，至今仍有部落保持最原始的生活狀態和最傳統的文化習俗。

生活在肯亞的馬賽族是當地的一個土著部落，他們主要分布在肯亞南部地區，在坦尚尼亞北部的草原地區也有一些分支，他們說的是馬賽語，相信萬物有靈。現今有五十多萬馬賽人，他們是尼羅河游牧民族的傳承者。雖然他們的生活還是很貧苦，且仍然住在又黑又矮的茅草屋裡，但可以看出，他們的生活正在逐漸改變。

馬賽族的男子身材高大，長相也很英俊，是西方殖民者眼中「高貴的野蠻人」。他們的主要食物是牛、羊肉以及奶類，玉米粥也是他們的主食之一。他們生活的地區經常會有獅子、大象和豹等野獸出沒，長年和野獸共生共存，這使他們和野獸之間形成一種默契，不相互干擾。馬賽人從不透露他們家養的牛、羊數，他們生活的村落就像軍營，居住集中。他們的屋子低矮，且因沒有窗戶，屋內的光線很不好。

馬賽人喜歡穿鮮紅的長袍，據說可以驅獸防身。對於牧人來說，紅色就像火焰一樣，是力量的象徵。馬賽人是世界上最善於行走的人，他們經常步行去離部落十幾公里之外的市場，也會為牛、羊尋找美味的牧草，走上幾天幾夜。也許是長期的游牧生活鍛鍊了他們，他們是東非地區現存最有特色的少數民族之一。

由於現在的馬賽族部落已經成為旅遊景點，遊客也可以付費至部落首領的家裡參觀。當遊客進入部落時，所有的孩子都會圍攏到遊客身邊，表現得十分熱情和親暱，他們都赤著腳，年紀較大的孩子揹著年紀小的孩子。不過他們的生活環境還很艱苦，連像樣的床被都沒有。他們吃飯的餐具是用了很久的琺瑯杯，這顯然和現代的生活有極大落差。

我們不僅驚嘆，人類文明的車輪正在飛速向前行駛，馬賽人卻仍然生活在古老的原始時期，但從他們滿足而純粹的笑容裡可以看出，物質生活的缺乏並沒有阻擋他們快樂的腳步。

人類寶藏之謎 ————————————————

可可島上的無價之寶

可可島 —— 一個面積 24 平方公里的彈丸小島，何以讓人們絡繹不絕、慕名而來呢？

在中美洲哥斯大黎加太平洋沿岸以南六百公里的海面上，一個面積 24 平方公里的小島 —— 可可島，可以說是名副其實的彈丸小島。它雖然小，卻是一座價值連城的小島。可可島上山清水秀，雲淡風輕，是人人嚮往的旅遊勝地。但是真正讓人們來到這裡的原因，是它那誘人的傳說 —— 島上埋藏著大量的金銀珠寶。

關於島上神祕寶藏的傳說很多，說法不一，但是大相徑庭。經過哥斯大黎加著名歷史學家勞爾·弗朗西斯科·阿里亞斯多年的研究和考證。可可島以西班牙語為官方語言，亦可使用英語。他們信奉羅馬天主教。與臺灣有 14 個小時的時差。由於樹木繁多，所以野生動物種類也不勝枚舉。

十九世紀初期，南美洲各國如火如荼發起民族獨立運動，反對西班牙殖民統治。阿根廷民族英雄荷西·德·聖馬丁（José de San Martín）將軍率領艦隊沿智利海岸北上，準備解放被西班牙統治的祕魯。西班牙殖民者人心惶惶，趁西班牙人大亂之機，以威廉·湯普森（William Thompson）為首的英國海盜，洗劫了祕魯太平洋港口城市卡亞俄，劫掠寶物共有二十四箱，其中包括大量金幣、金盃、一尊聖母瑪利亞金像以及其他數不勝數的金銀首飾和寶石，可以說是價值連城。海盜們逃到太平洋上，進入公海後，湯普森與十一名同伴商討，深思熟慮後決定駛向無人居住的荒島 —— 可可島。幾個世紀以來，可可島與世隔絕，其優越的地理位置使

湯普森能夠輕易地擺脫海上任何船隻的監控和追蹤，這對南美洲海盜們來說是非常有吸引力的。

　　登上小島後，海盜們把金銀珠寶埋在島上。幾天之後，他們毀掉帆船，分乘小艇離開可可島。

　　途中，他們遇見暴風雨，幾個船員紛紛落水，正在危急時刻，他們遇見一艘軍艦，於是大聲呼救，不巧的是這艘軍艦正是來追蹤海盜的，十一名海盜全部被逮捕。怒氣沖沖的船長當場槍斃了八名較年長的海盜，最後出於同情心，船長放過 3 名十八到二十歲的年輕海盜。當時，船上正在流行瘟疫，其中一名年輕海盜也染上瘟疫，不久就一命嗚呼了。船上的人都自身難保，誰也沒有心情再去尋寶。其他兩名海盜見機行事，在一個黑漆漆的夜晚跳海逃走。他們在海上漂流數日以後，被一艘美國捕鯨船救起。當這艘船經過夏威夷群島時，一名海盜要求留在島上，一直在那裡生活，另一名海盜隨捕鯨船到了美國的新貝德福德。

　　二十年以後，這名海盜又再次出海、當了船員。也許是為了擺脫心靈的譴責，在一次航行途中，他向一位好朋友透露二十年前的事。消息很快就傳遍全世界，可可島因此而聲名大噪。尋寶人趨之若鶩，到可可島尋寶，隨著時間的推進，關於可可島富有寶藏的傳聞也越來越多。但是，卻沒有人真正找到這些寶藏，尋寶人滿懷希望的去，總是空手而歸；也有許多尋寶人在可可島上丟了性命，有的人認為這是「對寶藏尋找者的詛咒」。

　　由於人們過於頻繁的「尋寶」，使原本風光秀麗的小島不復以往，生態環境受到嚴重的破壞。哥斯大黎加政府為了永續可可島的風光，決定禁止人們到島上尋寶。

　　即便政府公布明確的法令，還有對尋寶者的「詛咒」，仍然無法阻擋人們對可可島寶藏的嚮往。

海盜王子的寶藏

海盜的歷史起源於三千年前，準確定義的話必須追溯到海盜王子 —— 貝拉米（Samuel Bellamy），因為貝勒米非常愛穿黑色衣服，有著一頭烏黑的長髮，通常以帶子紮束成馬尾，所以又被稱為「黑山姆」。

在他短暫 28 年的生命中，貝拉米數次大膽的在海上劫船，也因此「黑山姆」的外號傳遍新大陸的海盜界，在海盜界無人不知、無人不曉。不過貝拉米的行事作風與當時的其他海盜大為不同，他對自己的同伴慷慨，對俘虜更是仁慈，在占領船艦之後，將自己的舊船隻提供給俘虜，讓俘虜得以逃生，也被冠上「海盜王子」、「公海羅賓漢」等稱號，他的海盜團員們也稱自己是「義賊團」。

貝拉米出生於西元 1689 年，他的家鄉在英格蘭西部的西特希村，在他 9 歲那年，全家搬到普利茅斯，之後學會了成為一位水手的各種技能。成為水手的貝拉米到達鱈魚角後，愛上當地一位名叫瑪利亞·哈利特的女孩，但是當時他只是一個窮困的水手，所以瑪利亞·哈利特的父母百般阻止他們來往，貝拉米並沒有因此放棄自己的愛情。西元 1715 年 7 月，一艘載滿寶藏的西班牙籍船在佛州外海被暴風雨打入海底，貝拉米想去撈起這些落入深海的寶藏，達成和戀人在一起的願望，但是實際未如他所願，最終什麼都沒有撈到。為了不空手回到哈利特的身邊，他決定去當海盜。當時 27 歲的貝拉米離開佛州，與心愛的女孩道別，來到位於加勒比海地區的海港，開始海盜生涯。起初貝拉米加入一個名叫班傑明·霍尼戈爾德（Benjamin Hornigold）的海盜團後，於西元 1716 年透過海盜特有的民主表決制度，取代霍尼戈爾德成為新任的海盜頭目，隨後便四處大肆劫掠，獲得豐碩的戰利品。

　　隔年 2 月，他掠奪由牙買加返英的販奴船──維達號，成功攻占維達號的貝拉米，得到大批武器、金磚、象牙、糖、西班牙錢幣等，藉助維達號的武力，以及貝拉米足智多謀的優勢和過人的膽量，很快的便成為當時北美洲東岸海域最令人聞風喪膽的海盜之一。不幸的是，同年 4 月 26 日，於現今麻薩諸塞州鱈魚角灣遇上旋風，船隻在韋爾弗利特灘觸礁而沉沒。當時年僅 28 歲的貝拉米與一百多名船員遇難，僅有 9 人生還，使這個傳奇人物的故事開始流傳。

　　儘管貝拉米掌權的海盜生涯只有不到兩年的時間，但他的戰績驚人，由他所率領的海盜團共劫掠 50 艘以上的船艦，包括當時被稱為海盜界的頂級戰利品──維達號及其滿載的販奴所得，後人預估貝拉米的海盜團強奪約 4.5 公噸左右的金銀珠寶。1984 年，證實維達號的沉沒地點，至今仍在打撈當時沉沒的大量財寶，已找到 10 萬件左右的物品，是史上第一艘有實物證實的海盜船。

　　1984 年，在委內瑞拉的布蘭基亞島上發現貝拉米的海盜基地，基地裡藏匿很多珍寶。這些寶藏被委內瑞拉政府發現後，於 2007 年 6 月使用這些寶藏建設國家旅遊設施。在當時，布蘭基亞島上能夠看見的距離內幾乎沒有船隻從此經過。《海盜共和國》《The Republic of Pirates》的作者科林‧伍達德（Colin Woodard）認為，布蘭基亞是那些為了躲避巴貝多島和法屬馬提尼克島法律制裁的人們非常好的藏身之處。

印在羊皮紙上的藏寶圖

　　奧利維爾‧勒瓦瑟（Olivier Levasseur）是 18 世紀上半葉的法國大海盜，17 世紀末出生在法國加萊，他較常使用的名字是拉比斯。18 世紀初，

印度洋和東非馬達加斯加海域海盜活動猖獗，凡舉經過此地的船隻，大多會遇上劫難，而這其中最為凶暴、最為顯赫的海盜，當然是拉比斯了。

拉比斯心狠手辣，主要搶劫豪華商船和政府的船隻，稱為「寶船」。西元 1716 年至 1730 年，他在印度洋和東非海上稱霸 14 年，總共攫取了 54 萬公斤黃金、60 萬公斤白銀，其中還有數百顆鑽石及各類珍奇寶物。西元 1721 年 4 月，他夥同海盜泰勒狼狽為奸，搶劫了在印度洋波旁島聖但尼灣躲避風暴的葡萄牙船隻 ——「卡普聖母」號，掠奪船上價值 300 億法郎的金銀珠寶，並重新整修一番，取名「勝利者」號。西元 1722 年，法國海軍將領特魯安在波旁島附近大敗英軍，占領這一區域，此後法王大赦天下，多數海盜洗去罪行改過自新，可是拉比斯等少數不願意屈服的海盜低調行事、隱姓埋名，等待時機再次翻身。

拉比斯詭計多端，他僱人把搶劫的財物運到一座島嶼上埋藏，並一舉殺害所有在現場協助埋寶藏的人。他以這些寶藏為籌碼，要求法國政府對他完全赦免。他還煞有介事的透露這些寶藏是從塞席爾群島運到馬達加斯加海角的印度海域。西元 1729 年，法國海軍終於逮捕拉比斯，經過特別刑事法庭審判，最終被處以絞刑。

西元 1731 年 7 月 17 日，拉比斯拖著沉重的大鎖鍊被帶到斷頭臺下。劊子手們在他脖子套上絞索，在這生命的最後時刻，拉比斯突然向蜂擁圍觀的人群中扔出一卷羊皮紙，並大聲喊道：「誰弄懂我的羊皮紙，我的財寶就屬於你！」

在拉比斯留下的這卷羊皮紙上，有一幅由密碼構成的藏寶圖，畫有 17 排古怪稀奇的圖樣，每個圖樣代表一個密碼。拉比斯自小便接受良好的教育，才華橫溢，知識淵博，他所設計的藏寶圖看上去就像天書一樣晦澀難

解。現如今，這卷羊皮紙被珍藏在法國國家圖書館裡。

　　據歷史記載，藏寶圖的影本曾落入英國探險家瑞吉納‧克魯瑟韋金斯手中。這個人斷定拉比斯留下來的財富必定在印度洋上的塞席爾島上，因此他帶著畢生的積蓄到塞席爾島待了整整 28 年，孜孜不倦地探索這 17 排圖樣，終於破解 16 排密碼，但其中第 12 排圖樣卻始終找不到答案，直到他因病去世時也未能解開此謎底。當然，這並不代表拉比斯所謂的珍寶只是海市蜃樓，只不過如果要找出謎底，還需要人們的努力。

邁錫尼文明之謎

邁錫尼

　　邁錫尼是希臘青銅時代晚期的文明，十九世紀末由海因里希‧謝里曼（Heinrich Schliemann）於發掘邁錫尼（西元 1874 年）和梯林斯（西元 1886 年）的過程中重現天日，謝里曼相信自己找到荷馬史詩《伊里亞德》（*Iliad*）和《奧德賽》（*Odyssey*）中所描寫的世界。在邁錫尼的一個墓穴中，謝里曼發現一個金箔面具，他將其命名為「阿伽門農的面具」。同樣，他將一座在皮洛斯發現的宮殿命名為「涅斯托耳宮」。

　　二十世紀初，亞瑟‧埃文斯爵士（Sir Arthur John Evans）開始探究克里特島的歷史與文明，釐清了邁錫尼文明與先於它的米諾斯文明之間的關係。在研究克里特島上的克諾索斯期間，埃文斯發現約西元前 1450 年的數千塊黏土泥板，由於宮殿裡的一場大火意外地烘烤成型。在這些泥板上他辨認出了一種未知文字，他認為這種文字比線形文字 A 更先進，因而命名為線形文字 B。此外，在邁錫尼、梯林斯、皮洛斯等邁錫尼宮殿內也

發現了寫有這種文字的泥板。1952 年，這種文字終於被 Michael Ventris 和 John Chadwick 破解，鑑定為古希臘文的一種字型。自此，邁錫尼文明逐漸被人所了解，從而成為文字歷史，被定位於愛琴文明的青銅時代。

　　邁錫尼文明從西元前 1200 年以後逐漸呈現衰敗之勢。古希臘的神話傳說曾提及此時王朝更迭頻繁，戰亂相繼，但記載得不是很清楚；考古材料也反映陶器品質下降，生產力萎縮，而「海上諸族」的騷擾更使國際貿易量大受打擊。經濟衰落可能迫使統治者依靠武力掠奪，於是各國、各城之間的戰爭也愈演愈烈，其中最著名的一次大戰，便是希臘同盟與小亞細亞富裕城市 —— 特洛伊的戰爭。此戰打了十年之久，希臘聯軍雖然攻下特洛伊城，實際上卻是兩敗俱傷。獲得勝利的希臘各國（以邁錫尼為首）無不疲憊不堪，元氣大傷，始終擺脫不了「黃雀在後」的厄運，希臘各國一直難以恢復到戰爭前的繁榮與風光，甚至讓北方的多利亞人有機可乘。他們紛紛南下，攻城掠地，逐步征服雅典以外的中希臘和伯羅奔尼撒各國，宣告邁錫尼文明的滅亡。

第二章
海洋中的奧祕

最初的海洋

海洋

　　海洋是怎麼形成的？海水是從哪裡來的？近兩個世紀以來，人類逐步揭開關於海洋的種種謎團，對海洋的起源與演化有更深的了解。接下來，我們就一起進入原始海洋世界中，探索海洋的神祕與美麗。

原始海洋的形成和演變

　　廣闊的海洋美麗又壯觀，不過在地球形成初期並沒有海洋和河流，大氣層裡的水分也很少，即使有，也會隨著其他氣體蒸發。地球上後來的水，是與原始大氣一起由地球內部產生。早期，地殼才固結不久，地球內部全是「岩漿海洋」，火山噴發此起彼落，帶出大量的水氣直衝九霄，整合成極厚的雲層。地球逐漸變冷，當水蒸氣超過其飽和點時，就開始凝結成水滴、冰晶，接續引發「排山倒海」的狂風暴雨，一「下」就是幾百年、幾千年。雨水不停地流向低窪處，年復一年、日復一日，原始海洋就這樣誕生。此時的海水不僅嚴重缺氧，而且含有大量火山噴發而出的酸性物質，如氫氯酸（俗稱鹽酸）、氫氟酸、二氧化碳等，均具有較強的溶解能力。根據科學家對化石的研究，大約在 39 億年前就形成了原始海洋。

　　從規模上來看，原始海洋的面積遠沒有現代海洋這麼大。據估算，它的水量只有現代海洋的 10% 左右。後來，由於儲存在地球內部的結構水的加入，原始海洋才逐漸壯大，形成了蔚為壯觀的現代海洋。原始海洋中的水不像現代海水一樣又苦又鹹，現代海水中具有無機鹽的成分，主要是透

過自然界周而復始的水循環，由陸地帶入海洋而逐年增加的。可是，原始海洋中的有機大分子非常豐富，是現代海洋所無法企及的。

生命來自海洋

關於生命的起源，有多種不同版本的說法，最具代表性的有「團聚體說」、「類蛋白微球體說」、「來自星際空間說」等，這三種假說都有一個共同之處 —— 都與水有關。

自古以來，生命的起源一直是生命學家熱衷的研究課題。現代科學研究普遍認為生命起源於海洋，原因有二：一為水是生命體的重要成分，而且是維生的基本條件；二為海洋為生命的誕生和繁殖提供天然的庇護場所，豐富的海水能有效地遮擋紫外線，避免生命遭受威脅。

39 億年前誕生的生命只是單細胞生物，和現代細菌有相似的結構。它們經過 1 億年的漫長演變，逐漸成為最原始的藻類 —— 單細胞藻類，這就是最原始的生命。這些原始藻類不斷地繁殖，進行大量的光合作用，吸收二氧化碳釋放氧氣，為生命的演化提供有利條件。

就這樣，原始的單細胞藻類又經過億萬年的演化，變成原始的海洋動物，如水母、海綿、蛤類、珊瑚、三葉蟲、鸚鵡螺等，而脊椎動物的出現相對來說較晚，大約是在 4 億年前。

那麼，生物又是怎麼樣出現在陸地上的呢？由於月球對地球產生強大引力，海洋出現潮汐現象。漲潮的時候水位上升，海水不斷地拍擊、沖刷海岸，就會將一些生物沖到岸上；退潮時，大片的淺灘又暴露在陽光下，因此在海陸交界處就形成了一條潮間帶（本書第三章會詳細講述潮汐現象）。與此同時，臭氧層逐漸形成，阻擋紫外線對陸地的直射，為登上

陸地的海洋生物創造適合生存的條件，原先生活在海洋中的部分生物經歷潮起潮落、不斷磨練後，慢慢適應了陸地的生活。當然，也會有一些原始生命在這個過程死去，而經過無數嚴酷考驗最後留在陸地上的生命，就會不斷為適應新環境而演化。約在 2 億年前，爬行類、兩棲類、鳥類相繼出現，地球上生命的種類開始多樣化。

　　地球上所有哺乳動物都是在陸地上誕生的。由於自然條件的變化等原因，哺乳類動物中的一部分又重新回歸海洋，如鯨和豚；還有一部分在經過自然界的眾多劇變後，仍然頑強地存活在陸地，並逐漸繁衍、壯大。直到 300 萬年前，高等的生命體 —— 人類誕生了。因此，研究生命起源的學者把海洋稱作「生命的搖籃」。

海洋與氣候

海洋對氣候的影響

　　海洋是地球上決定氣候發展的主要因素之一，透過與大氣的能量物質交換，水循環等作用在調節和穩定氣候上發揮關鍵的作用，被稱為地球氣候的「調節器」。

海洋的氣候調節功能

　　地球上的氣候變化莫測，其最主要的影響因素是大氣受熱的狀況和大氣中所含水氣的多寡。地球上的熱量來自太陽，這種說法並沒有錯。但前提是，它必須要經過海洋這個「調節器」才能影響地球氣溫，使溫度發生變化。

　　太陽光以短波輻射的方式照到地球，當它通過大氣時，只有一小部分被大氣直接吸收，大部分則照射在地球表面，使地球表面溫度增高。地球表面增溫後，會不斷向外發出輻射，這種輻射和太陽的短波輻射不同，不發光，只發熱，屬於長波輻射，也叫熱輻射。這種長波輻射正是大氣層容易吸收的，因而大氣溫度提高。

　　海洋占地球面積的三分之二，它是大氣熱量的主要供應者；同時，海水的熱容量比空氣大得多，1 立方公分的海水溫度降低 1 度放出的熱量，可使 3,000 立方公分的空氣溫度升高 1 度。海水是透明的流體，因此太陽可以照射到海洋中較深的地方，使非常厚的水層儲存著熱量。如果全球 100 公尺厚的表層海水降溫 1 度，釋放的熱量就能夠使全球大氣增溫 60 度。所以，海洋長期累積的大量熱能就像是一個「鍋爐」，透過能量的傳遞，對天氣與氣候產生一定的影響。

　　大氣中的水蒸氣主要來自於海洋。海水在蒸發時，會將大量水氣散發到大氣，海洋的蒸發量占地表總蒸發量 84% 左右，海洋平均每年可以把 3.6 萬億立方公尺的水蒸發為水蒸氣。空氣中的水蒸氣含量多了，就會使空氣變得輕薄、新鮮。

　　同時，海洋能夠吸收大氣中 40% 左右的二氧化碳，降低人類活動對環境造成的影響，能夠有效抑制全球溫度上升。

　　根據以上所述，不難看出海洋是地球大氣熱量和水氣的主要供應者。海洋的溫度狀況和蒸發情況，直接影響著大氣的熱量和水氣的含量與分布。因此，說海洋是地球氣候的「調節器」一點都不誇張。

氣候對海洋的影響

反過來講，氣候變化也會對海洋產生重要的影響。氣溫上升會導致海平面和海水溫度升高，而海洋大量吸收二氧化碳後，會增強海水的酸性，進而破壞海洋和海岸生態系統，例如珊瑚白化、珊瑚礁死亡、小島嶼遭淹沒等一系列的問題，都與此有重大關聯。可見氣候對海洋的影響是非常大的，以印尼來說，該國海洋事務和漁業部部長曾表示，在未來幾十年裡，印尼的很多島嶼將會因為海平面上升而沉入海中。也有環境學家表示，如果人類不馬上有所行動，地球上的珊瑚礁將在 20 世紀末全部消失，而且這絕對不是危言聳聽！

此外，氣候變化還會使海洋的氣候模式與洋流發生改變，加劇海洋災害的程度。尤其是海水酸化後，倒灌進入陸地，對河口、入海口等生態系統造成不利的影響。所以保護環境勢在必行，這是所有地球人共同的責任！

波浪的形成

海上波浪

海洋上的波浪，其壯闊的造型美不勝收，時而隆起，時而翻滾，時而拍打著海岸……可謂是海上的一大奇景。

海上波浪的形成

波浪是如何形成的呢？因海水受風的作用和氣壓變化等影響，促使它難以維持原有的平衡狀態，而發生向上、向下、向前和向後方向運動，便

形成海上的波浪。波浪起伏活動具有規律性、週期性。當波浪向岸邊湧進時，由於海水越來越淺，下層水的上下運動受到阻礙，受物體慣性的作用，海水的波浪一浪疊一浪，越湧越多，一浪高過一浪。與此同時，隨著水深的變淺，下層水的運動受到的阻力越來越大，最後它的運動速度慢於上層的運動速度，受慣性的影響，波浪最高處向前傾倒，拍打在礁石或海岸上，便會濺起碎玉般的浪花。

根據海浪所帶來的結果，大概可分為破壞性（destructive waves）及建設性（constructive waves）兩種類型。

先來說說破壞性海浪。這種類型的波浪通常與高能量的環境和陡斜的海岸帶有關，岩石嶙峋的海岸線通常會因暴露於巨浪及高潮而遭受侵蝕。

在沙灘上，破壞性海浪通常會帶來嚴重的後果，它會使沙灘退減。海浪向海岸沖擊後會形成離岸流，通常離岸流的力量比沖向岸邊的浪還要大，所以會將更多的物質帶回海中。

建設性海浪是溢出型（spilling breakers）或崩捲型（plunging breakers）的碎波，與破壞性海浪的作用相反，它有助於形成海灘，因為沖向岸邊的浪比離岸流更有力，使物質可以堆積在岸邊。之所以會形成這種類型的波浪，與平坦的海岸帶和低能量的海岸有密切相關。

值得一提的是，海岸地形不僅受地質營力左右，還受地質情況影響，如岩石特性及地質構造。地質構造加上每種岩石具有不同受風化或侵蝕的能力，讓海岸出現不規則且獨特的形態，例如岬角、港灣、海蝕柱及海蝕拱等。

波浪要素

波浪的基本要素有：波峰、波谷、波頂、波底、波高、波長、波陡、週期、波速等統稱為波浪要素，通常會用這些要素來表示波浪的大小和形狀。

波峰：指靜水面以上的波浪部分。

波谷：指靜水面以下的波浪部分。

波頂：指波峰的最高處。

波底：指波谷的最低處。

波高：指相鄰的波峰和波谷間的垂直距離。

波長：指兩個相鄰波頂間的水平距離。

波陡：指波高與半個波長之比值。

波浪週期：指兩個相鄰的波峰或波谷經過同一點所需要的時間。

波速：指在單位週期時間內波浪傳播的距離，表示波浪移動的速變，等於波長與波浪週期之比值。

南極的歷史

南極

南極是根據地球旋轉方式來決定的最南點，這表示地理上的南極區域有一個固定的位置。按照國際上通用的概念，南緯 66.5 度（南極圈）以南的地區稱為南極，它是南極海及其島嶼和南極大陸的總稱，總面積約

6,500 萬平方公里。

從字面來看，南極就是地球的最南端，而實際上有南極洲、南極點、南極大陸、南極地區、南極圈等多種涵義，此外，地理學上的南極為南地極和南磁極。

南極的自然環境，可以概括為 5 個「最」：南極是世界上最寒冷的大陸，陸地上年均氣溫為零下 25 度，最極端的低溫為零下 89.2 度；南極是世界上冰雪貯量最多的大陸，大陸冰蓋體積達 2,700 萬立方公里，存量世界總冰量的 90％，相當於世界總淡水量的 72％；南極是世界上最乾燥的大陸，內陸高原的年降水量不足 50 毫米，南極點的年降水量不到 3 毫米；南極是世界上風速最大、暴風最頻繁的大陸，年均風速為每秒 17 至 18 公尺，最大風速達每秒 80 至 100 公尺；南極是世界上海拔最高的大陸，平均海拔 2,000 公尺，是其他大陸平均海拔的 3 倍。

南極大陸是人類最後到達的大陸。近百年來，世界上數以千計的探險家和科學家以堅韌不拔的毅力，逐漸揭開南極的神祕面紗，人類先後在南極建立起 50 多個常年科學考察站，考察內容包括氣象學、冰川學、地球科學、海洋學、生物學、人體生理學及醫學等幾十個科目。

西元 1772 年，南極探險開始之後，不少國家積極爭取南極洲的領土權，1959 年 12 月，12 個國家簽訂了《南極條約》，其主要內容是：南極洲僅用於和平目的，保證在南極地區進行科學考察的自由，促進科學考察中的國際合作，禁止在南極地區進行一切具有軍事性質的活動及核爆炸和處理放射性廢料，凍結對南極的領土要求等。現今已有許多國家都加入了《南極條約》，不過仍虎視眈眈想爭取南極洲領土與資源開發的權利，所以才有不少國家在南極洲設置考察站。

　　1912 年，德國科學家提出「大陸漂移」學說，認為現在的南美洲、非洲、澳洲、馬達加斯加、印度半島和南極洲，在很久以前是連在一起的古老大陸，被稱為岡瓦納大陸（Gondwanaland），後來大陸的漂移，岡瓦納大陸分裂、解體，才變成現在地球海陸分布的模樣。南極大陸的岩石和化石，為「大陸漂移」學說提供了最直接相關的證據。南極的隕石儲藏量大、種類豐富，能保持完好的原狀，是人類研究太陽系的寶庫。

　　在全球 6 塊大陸中，南極大陸大於澳洲大陸，排名第 5，世界上只有南極大陸和澳洲大陸被海洋包圍，南極大陸四周有太平洋、大西洋、印度洋，形成一個圍繞地球的龐大水圈，呈現完全封閉狀態，遠離其他大陸、與文明世界完全隔絕，至今仍然沒有常住居民，只有少量的科學家或考察人員輪流在考察站臨時居住和工作。

　　在南極的千年冰封下，肯定隱藏著很多祕密等待人類發現。二次世界大戰以後，南極開始受到歷史學家的關注。20 世紀初，著名的俄國《布羅克豪斯和葉夫龍百科詞典》裡提到，各式各樣的海藻和海洋動物生存在南極洲的水中。

　　有一個假說，在西元前 5000 年到西元前一萬年，地球上就存在人類文明，且在航海、繪圖、天文等方面都不亞於 18 世紀的水準。那時候的南極洲氣候溫和，而這個古老文明消失的原因，大約是在西元前一萬年後開始，南方大陸漸漸結冰。可能是當地長期洪水氾濫，毀了幾乎所有的史前文物。其中有一部分被厚厚的冰覆蓋，典型的史前文明被保留下來，有可能傳承給埃及人和閃族人。

　　這一假說似乎得到印證。據俄羅斯《真理報》11 月 14 日報導，地球人類的文明可能源於萬年冰雪覆蓋的南極大陸！

　　愛因斯坦（Albert Einstein）認為，一萬多年前，南極不在南極點上，而位於溫帶地區。那個時候，溫度、氣候均適宜的南極大陸也許曾孕育了一種高度發展的古文明。之後，南極漂移到了冰天雪地的南極點，氣候突然異常寒冷，大陸被冰雪覆蓋，南極文明也就隨之消失了。

　　西元 1840 年，伊斯坦堡國家博物館館長哈利勒艾德海，在土耳其伊斯坦堡的托普卡匹皇宮找到一張奇特的古代地圖。這張古地圖是 18 世紀初發現的，是一份複製品。地圖上，除了地中海地區畫得十分精確，其餘地區如美洲、非洲都嚴重變形。

　　後來，科學家們終於找到這張地圖的原稿，是由土耳其帝國艦隊的海軍上將皮瑞・雷斯（Piri Reis）於西元 1513 年繪製的地圖，皮瑞・雷斯在附記中寫下：「為繪製這幅地圖，我參照了 20 幅古地圖……」，這張地圖最讓人不可置信的地方是幾乎在南極洲被發現的兩百年前，這塊神祕的陸地竟然被標出來了。

　　當科學家們對古地圖做進一步研究時驚訝地發現，這張古地圖其實是一張空中鳥瞰圖。更令人感到驚奇的是，古地圖上還繪出南極洲冰層覆蓋下的複雜地貌，這是南極探險隊在 1952 年用迴聲探測儀才發現的地形，與西元 1513 年繪製的地圖一模一樣。

　　西元 1532 年，製圖家奧倫提烏斯・費納烏斯（Oronteus Finaeus）根據史料繪製的世界地圖，又繪製了一張地圖，並在地圖上註明南極上的各個河床。1949 年，一組探險隊到達南極羅斯海，發現了地圖上所標示的河床，且河床裡還有很多由河流帶到南極並沉積下來的中緯度細粒岩石，以及其他沉積物。

　　後來，華盛頓卡內基研究所的科學家們研究這些沉積物，結果發現它

們已有 6,000 多年的歷史。也就是說，在 6,000 年前，南極曾處於冰川前期很溫暖的時候，百川奔流，草木蔥蘢，充滿了生機。費納烏斯的地圖顯然也證實了一個驚人的觀點：在冰雪完全覆蓋之前，南極洲曾被人類探訪甚至定居過。若真是如此，那麼最初繪製南極洲地圖的人，就應該是生活在極為遠古時代的南極人。

這是一片尚未被人類占領的淨土，純淨的空氣、潔白的冰雪、可愛的生物，都是人類尚未到來之前的模樣。

南極並非一片不毛之地，儘管嚴寒的天氣讓人類無法生存，但這裡其實也是野生動物的天堂，例如：企鵝、海豹、南極磷蝦、南極海鳥和眾多珍稀無脊椎的冷血動物，只不過我們對這些動物並不是那麼熟悉。也因為少有人類打擾，牠們也許是地球上生活得最快樂的動物。

南極的地勢

南極大陸

地球上最高的大陸是南極大陸。地球上其他大陸的平均海拔高度分別為：亞洲 950 公尺、北美洲 700 公尺、南美洲 600 公尺、非洲 560 公尺，歐洲最低只有 300 公尺，大洋洲的平均高度還不甚清楚，不過基本上約幾百公尺。然而，南極大陸，就其自然表面來說，平均海拔高度為 2,350 公尺，比其他大陸還要高得多。但是，如果把覆蓋在南極大陸上的冰蓋剝離，它的平均高度僅有 410 公尺，比其他陸地的平均高度要低得多。

橫貫南極的山脈將南極大陸分為兩部分，分別為東南極洲、西南極

洲。東南極洲面積較大，為一古老的地盾和準平原，橫貫南極山脈綿延於地盾的邊緣；西南極洲面積較小，為一褶皺帶，由山地、高原和盆地組成。東西兩部分之間有一沉陷地帶，從羅斯海一直延伸到威德爾海。南極洲最高點伯德地的文森山海拔 5,140 公尺，雖然是地球上海達最高的大陸，但是陸地幾乎被冰雪所覆蓋，冰層平均厚度有 1,880 公尺，最厚達 4,000 公尺以上，而大陸周圍的海洋上則有許多高大的冰障和冰山。全洲僅 2% 的土地無長年冰雪覆蓋，被稱為南極冰原的「綠洲」，是動植物主要生存之地。「綠洲」上有高峰、懸崖、湖泊和火山，羅斯島上的埃里伯斯火山是著名的活火山。

位於西南極洲的南島也叫「帕默爾半島」或「格雷厄姆地」，是南極大陸最大、向北伸入海洋最遠（南緯 63 度）的大半島，東西瀕臨威德爾海和別林斯高晉海，近海有寬廣的大陸架，東側有菲爾希納陸緣冰，亦有深 400 至 600 公尺的大陸架，寬度在 550 公尺以上。西側為別林斯高晉海，大陸架也寬廣，有的常年冰封。北為與南美洲相距 970 公里的德雷克海峽，南接埃爾斯沃斯高地，是崎嶇的山地與高原。北隔 970 公里的德雷克海峽與南美洲相望，南接崎嶇的山地和冰雪高原。南極半島屬於新生代褶皺帶，基岩起伏不平，海拔 5,140 公尺的文森山是南極洲的最高峰。海岸曲折呈峽灣形，近海島嶼很多。為多山半島，東岸更為陡峭高峻，山地冰川發育。透過海底山脈可將「南極半島 —— 南奧克尼群島 —— 南桑德韋奇群島 —— 南喬治亞島 —— 南美洲安第斯山脈」連成蟠龍式的連續相接的山系。南極大陸原為一稱作岡瓦納大陸塊的一部分，它是個多岩石的陸地，其最古老的岩層，可達約 30 億年以上，有數個知名的無冰地區極富科學研究價值。

文森峰南極大陸埃爾沃斯山脈的主峰，海拔 4,897 公尺，是南極洲最

高峰。位於南緯 78 度 35 分、西經 85 度 25 分，位於西南極洲，文森峰山勢險峻，海拔高度不算高，相對高差比較大，山峰陡立、拔地而起。西南極洲的絕大部分地區的基岩表面的海平面以下，大部分終年被冰雪覆蓋，交通困難，夏季氣溫在零下 40 度左右，冬季最低氣溫可達零下 88 度。沒有生命，沒有人煙，所以被探險家稱為「死亡地帶」，文森峰甚至是七大洲的高峰當中，最後一座被登頂的山峰。

南極的資源

南極資源

　　人們對南極及其陸架區礦產資源的了解並不多，原因很簡單，面積龐大、厚達幾千公尺的冰蓋和惡劣的自然環境，限制了科學家的調查，但是透過幾十年不間斷的工作，已經發現南極洲蘊藏的礦物有 220 多種。美國地質調查所把南極大陸劃分出三個主要的成礦區：安第斯多金屬成礦區，主要為銅、鉑、金、銀、鉻、鎳、鑽等礦產；橫貫南極山脈多金屬成礦區，有銅、鉛、鋅、金、銀、錫等礦產；東南極鐵礦成礦區，除大量鐵礦外，尚有銅、鉑等有色金屬（non-fressous metal），並發現金伯利岩。整個西部大陸架的石油、天然氣存量均很豐富；而查爾斯王子山鐵礦和橫貫南極山脈區的煤礦規模最大；羅斯海、威德爾海、阿蒙森海、別林斯高晉海等海盆油氣最具開發願景。

　　儘管南極大陸及其陸架的地質調查和礦產資源開發難度非常大，但隨著其他大洲可供開發的礦產資源的日益減少和枯竭，促使人類向海洋、南極洲或其他地方尋找出路。至於人們擔心礦產資源開發可能造成的環境、

生態的破壞和汙染，人類也會從科學技術進步中找到妥善的解決辦法。但在目前，仍禁止在南極洲開發和利用任何礦產資源。

鐵礦是南極大陸所發現的儲量最大的礦產，主要位於東南極。1966年，俄羅斯地質學家在查爾斯王子山脈南部的魯克爾山北部發現了厚度約70公尺的條帶狀富磁鐵礦岩層，稱為「條帶狀磁鐵礦層」或「碧玉岩」。礦石平均含鐵品位為 32.1％，最富可達 58％。整個岩系厚度達 400 公尺。他們在 1971 至 1974 年的調查顯示，該地區磁鐵礦和矽酸鹽中鐵的量可以與澳洲西部的哈默斯利盆地、北美洲的蘇必利爾湖區、加拿大的謝弗維爾地區和俄羅斯的克里沃‧羅格地區的鐵構造相比。航空磁場調查資料顯示，鐵礦集中區在冰體下長 120 至 180 公里，寬 5 至 10 公里。1977 年，美國的霍夫曼和里瓦齊等人，根據航磁異常推論在魯克爾山西部的冰蓋下的兩個磁異常帶，其寬度為 5 至 10 公里，延伸達 120 至 180 公里，他們初步認為這是魯克爾條帶狀含鐵層的延續，如果這兩個磁異常帶的確為鐵礦所引起，這個推理得到進一步證實，那麼，該地區的鐵礦將是世界上最大的。這就是目前一些南極地質學家所聲稱的「南極鐵山」，其鐵礦蘊藏量，初步估算可供全世界開發利用 200 年。雖然全世界鐵的蘊藏量相當可觀，但具有工業開採價值的鐵礦床並沒有那麼多，所以發現南極洲魯克爾山條帶狀含鐵層之後，在持續關心南極礦產資源的地質界，引起熱烈的反應。

南極洲擁有世界最大的煤田。早期南極的探險家，在露岩區採集標本時，經常發現煤，並用它做飯、取暖。時至今日，在南極大陸上發現的煤仍很多，而且許多煤層直接露出地表。目前發現的煤田主要分布在南極橫貫山脈沿羅斯海岸的一段，還有西南極洲的埃爾斯沃思山區。南極橫貫山脈的煤田，可能是世界上最大的煤田。預估南極大陸冰蓋下蘊藏的煤超過

5,000 億噸，是南極洲最豐富的自然資源之一。

　　有色金屬在國防工業、機械製造和日常生活中都有廣泛的用途，其中許多又是貴重金屬。南極洲地域廣闊，與地質構造和地質歷史相似的其他大陸比較，更可能潛藏豐富的礦產資源。由於南極大陸面積的95%被極厚的冰蓋所覆蓋，因此地質調查工作十分困難，目前的地質調查僅限於無冰區和南極大陸沿岸。

　　1973 年執行深海鑽探計畫的美國鑽探船「格洛瑪・挑戰者」號，在羅斯冰架外的大陸架區 4 個站柱上進行鑽探，此區沉積物厚度達 3,000 至 4,000 公尺。鑽這 4 個孔的目的是為了研究沉積物的歷史。因此，所選的鑽探站位置，故意避開過去海洋地球物理研究認為可能有合油構造的沉積地層。然而，這 4 個鑽孔中有 3 個僅鑽到 45 公尺深時就噴出了大量的天然氣，所以可以推測羅斯海可能儲有重要的天然氣資源。

　　根據科學家近年來在南極大陸周圍海域的海洋地質和地球物理調查，顯示在南極大陸周圍海域可能潛在油氣資源的沉積盆地有 7 個 —— 威德爾海盆、羅斯海盆、普里茲灣海盆、別林斯高晉海盆、阿蒙森海盆、維多利亞地海盆、威爾克斯地海盆、羅斯海盆。在上述沉積海盆中，最有可能含油氣的是羅斯海盆和威德爾海盆，特別是羅斯海的大陸架面積最大，約 77.2 萬平方公里。

南極奇觀與災難 ─────────

1. 乳白天空

「乳白天空」是一種極地的天氣現象，也是南極洲的自然奇觀之一，它是由極地的低溫與冷空氣相互作用而形成。當陽光射到鏡面似的冰層上時，會立即反射到低空的雲層，而低空雲層中無數細小的雪粒，又像千萬個小鏡子將光線散射開來，再反射到地面的冰層上，如此來回反射的結果，便產生一種令人眼花繚亂的乳白色光線，形成白濛濛、霧漫漫的乳白天空。這時，天地之間渾然一片，人、車輛、飛機彷彿融入濃稠的乳白色牛奶裡，看不見任何東西，難以判別方向。人的視線會產生錯覺，分不清近景和遠景，也分不清景物的大小。嚴重時還會使人頭昏目眩，甚至失去知覺而喪命。

乳白天空是極地探險家、科學家和極地飛行器的一個大敵。若遇到它，那是很危險的，正在滑雪的滑雪者會突然摔倒，正在行駛的車輛會突然翻車肇禍、正在飛行的飛機會失去控制而墜機殞命。這樣的慘痛事件，在南極探險史和考察史上是屢見不鮮的。1958 年，在埃爾斯沃恩基地，一名直升機駕駛員就因遇到這種可怕的壞天氣，頓時失去控制而墜機身亡。1971 年，一名駕駛 C ── 130 大力神運輸機的美國人，在距離特雷阿德利埃 200 公里的地方，也遇到了乳白天空，突然失去聯絡，下落不明。

乳白天空雖然對人類在南極的活動構成危險，但只要事先進行相關訓練，做好安全防範措施，也是可以避免事故發生。一旦遇到，須隨即繞道躲開；正在戶外的人和車輛則應待在原地不動，注意保暖，耐心等待乳白天空的消失，或救援人員前來營救。

2. 極晝極夜

極晝與極夜是南極的奇觀之一，讓人們對這塊神祕的土地有更豐富的遐想。所謂極晝，就是太陽永不落，天空總是亮的，這種現象也叫白夜；所謂極夜，與極晝相反，太陽總不出來，天空總是黑的。在南極洲的高緯度地區，沒有「日出而作，日落而息」的生活節律，沒有一天 24 小時的晝夜更替。晝夜交替出現的時間是隨著緯度的升高而改變的，緯度越高，極晝和極夜的時間就越長。在南緯 90 度，即南極點上，晝夜交替的時間各為半年，也就是說，那裡白天、黑夜交替的時間是整整一年，一年中有半年是連續白天，半年是連續黑夜，那裡的一天相當於其他大陸的一年。如果離開南極點，緯度越低，不再是半年白天或半年黑夜，極晝和極夜的時間會逐漸縮短。到了南緯 80 度，也有極晝和極夜以外的時候才出現 1 天 24 小時內的晝夜更替。如果處於極晝的末期，起初每天黑夜的時間很短暫，之後黑夜的時間越來越長，直至最後全是黑夜，極夜也就開始了。而在南極圈（南緯 66 度 33 分），一年當中僅有一個整天全是白天和一個整天全是黑夜。北極同樣也會出現極晝和極夜的自然現象，不過它出現的時間和南極正好相反，北極若處在極晝，南極則為極夜，反之亦然。

極晝與極夜的形成，是地球在沿橢圓形軌道繞太陽公轉時，還繞著自身的傾斜地軸旋轉而造成的。地球在自轉時，地軸與其垂線形成一個約 23.5 度的傾斜角，因而地球在公轉時便出現有 6 個月時間兩極之中總有一極朝著太陽，全是白天；另一個極背對太陽，全是黑夜，南、北極這種神奇的自然現象是其他大洲所沒有的。

3. 南極火山

如果說水火不相容的話，那麼冰火就更不相容了。然而在南極洲，冰川和火山卻同時存在，這聽起來似乎有點不可思議。南極大陸共有兩座活火山，那就是迪塞普遜島（又稱欺騙島）上的火山和羅斯島上的埃拉波斯火山。欺騙島火山在 1969 年 2 月曾經噴發過，使設在那裡的科學考察站頃刻間化為灰燼，直到現在，人們對此仍心有餘悸。

4. 南極綠洲

南極大陸終年被冰雪覆蓋，寸草不生，何以會有綠洲呢？這確實有些蹊蹺。

所謂「綠洲」，並不是人們常見的鬱鬱蔥蔥的樹木花草之地，而是指南極大陸上那些沒有冰封雪蓋的露岩地區。由於南極考察人員長年累月生活、工作在冰天雪地的白色世界裡，單調、乏味、枯燥的環境使他們非常嚮往多彩世界，當他們發現沒有冰雪覆蓋的地方時，不禁倍感親切，便將這些地方稱為南極洲的綠洲。南極綠洲約占南極洲面積的 5%，含有乾谷、湖泊、火山和山峰，以班戈綠洲、麥克默多綠洲和南極半島綠洲最為有名。

關於綠洲的起源與成因，科學家們認為，由於綠洲的位置都在火山活動區，故與火山有關，如麥克默多綠洲就在著名的埃里伯斯火山附近，火山噴發及伴生的地熱活動，是形成綠洲的重要原因。當然，綠洲的形成還與太陽輻射和岩石的顏色有關，如南極半島綠洲地處極圈外，日照時間長，氣溫較高，加上這裡基本是赤褐色的火成岩區，有形成綠洲的最佳條件。綠洲是科學研究的一個寶貴窗口，它對提示這塊神祕的大陸具有重要的科學價值。

5. 雪盲

在南極大陸有一種神奇的「白光」，這種白光曾使不少勇敢的探險家喪失生命。有些文章記載，當人們看到這種強烈的白光，就什麼也看不見了，疾馳的滑雪者因瞬間失明而摔倒在雪面上，也會造成車輛或飛機發生意外事故。

1958 年，在南極埃爾斯沃斯基地上空，一架直升機的駕駛員突然遇到這種白光，眼睛頓時失明，飛機失去控制，墜毀在雪原上。智利的南極探險家卡阿雷‧羅達爾，有一次外出工作，不慎沒有戴墨鏡而遇到白光。他感到有一個光的實體向他移動，先是玫瑰紅的，接著變成肉色，頓時眼睛感到非常疼痛，彷彿有人往他眼裡撒了一把石灰，接著就什麼也看不見了。幸虧同伴找到了他，把他帶回基地，過了三天視力才恢復。

在高山冰川積雪地區活動的登山運動員和科學考察人員，稍不注意，忘記了戴墨鏡，也時常被積雪的反光刺痛眼睛，甚至暫時失明，醫學上把這種現象叫做「雪盲症」。

雪盲正是人眼的視網膜受到強光刺激後，暫時失明的一種疾病。一般休息數天後，視力會自己恢復。雪盲症不是一次性的疾病，且再次雪盲症狀會更嚴重，所以切不能馬虎大意。多次診斷為雪盲會使人視力衰弱，引起長期眼疾，嚴重時甚至永遠失明。

那麼，到底誰是雪盲症的罪魁禍首呢？原來就是積雪對太陽光產生很高的反射率。所謂反射率，是指任何物體表面反射陽光的能力，這種反射能力通常用百分數來表示，比如說某物體的反射率是 45%，這意思是說，此物體表面所接受到的太陽輻射中，有 45% 被反射出去。雪的反射率極高，純潔的新雪面反射率能高 95%，換句話說，太陽輻射的 95% 被雪面

重新反射出去了。這時候的雪面，光亮程度幾乎要接近太陽光了，肉眼的視網膜怎麼禁得起這樣強光的刺激呢？

在南極遼闊無垠的雪原上，有些地方的積雪表面，微微下窪，好像探照燈的凹面。在這樣的地方，就有可能出現白光。出現白光的雪面，當然要比普通雪面所反射的陽光更集中更強烈。在一般情況下，雪面並不像鏡子那樣直接把太陽光反射到人的眼睛裡，而是透過雪面的散射刺激眼睛。人眼在較長時間受到這種散射光的刺激後，也會得雪盲症。因此，有時候即使是在陰天，不戴墨鏡在積雪地上活動久了的人，眼睛也會暫時失明。

6. 奇寒

南極是世界上最寒冷的地方，堪稱「世界寒極」。南極點附近的平均氣溫為攝氏零下 49 度，寒季時可達攝氏零下 80 度。

南極沒有春夏秋冬四季之分，只有暖季和寒季之別。即使是 11 月到次年 3 月的暖季，南極內陸的月平均溫度也在攝氏零下 34 至零下 20 度之間。至於每年 4 月到 10 月的寒季，南極內陸的氣溫一般在攝氏零下 40 至零下 70 度之間。

如此寒冷的天氣對人類和一切生命都是可怕的威脅，在南極，經常會有因寒冷而凍傷致殘的事件發生。美國國家科學基金會為南極考察隊員專門編寫的《南極生存指南》特別警告：「如今的南極作業，臉部凍傷（組織凍傷）是最常見的，而手、腳和其他暴露皮膚的部位也會凍傷。」

對南極的奇寒，一絲一毫也不能大意。南極為什麼會這麼寒冷呢？這是由於南極冰蓋猶如一面巨型反射鏡，把太陽輻射的熱量的 90% 反射回宇宙空間的緣故。在南極的寒季，太陽幾乎很少露臉，南極大地吸收的熱量

微乎其微。到了暖季，雖然太陽終日在地平線上徘徊，可是，雪白的冰蓋表面又拒絕接受太陽的熱量，導致南極終年是九天寒徹、大地封凍的荒涼景象。

7. 殺人風

在南極考察人員中流傳一句：「南極的冷不一定能凍死人，南極的風能殺人。」風能殺人，這話聽起來令人難以置信，有那麼嚴重嗎？你也許會提出這樣的疑問。可是那些領教過暴風厲害的人，無不談風色變。

有人稱南極是「暴風雪的故鄉」，而寒冷的南極冰蓋則是孕育暴風的產地，它像一臺製造冷風的機器，使用冰雪的軀體冷卻空氣，孕育風暴。由於南極大陸是中部隆起向四周傾斜的高原，一旦沉重的冷空氣沿著南極高原光滑的表面向四周俯衝下來，頓時會狂風大作，天昏地暗，一場可怕的極地風暴便開始肆虐了。這時，雪冰夾帶著沙子從滑溜溜的冰坡鋪天蓋地滾來，像一道無形的瀑布、像一股奔馳而來的洪流，人在暴風中就像迅猛流水中的一片葉子和一粒石子，完全無法好好站立。日本的一位考察人員就在暴風雪中被吹得卡在冰柱中，失去了生命。

那麼南極的風究竟有多大呢？我們通常所說的 12 級颱風，風速達到每秒 32.6 公尺，夠大的了吧？可南極的狂風常常超過 12 級颱風。在南極半島、羅斯島和南極大陸內部，風速常常達到每秒 55.6 公尺以上，有時甚至達到每秒 83.3 公尺！

在南極的各國科學站，都經常遇到暴風襲擊的情景。尤其是寒冷而黑暗的冬季，呼嘯的狂風，將房屋摧毀，推倒通訊鐵塔，捲走車輛，甚至將一座科學站變成一片廢墟的事時有發生。因此，為了考察人員的安全，南

極各國科學站都有嚴格規定，大風時絕對禁止外出，也禁止一切室外活動。平時外出一定要兩人結伴同行，並給每人一個登山包，裡面裝無線電話、食品、羽絨睡袋、海綿墊、鐵鏟等物品，以維持個人的生存。在各國南極科學考察站周圍，都建有大小不一的「避難所」，備有食品、飲料、燃料、通訊裝置、小型發電機、暖爐、睡袋等日常生活必需品。在外考察的科學家一旦碰上突如其來的暴風雪，一時又趕不回站，均可就近躲進避難所。避難所的門是不上鎖的，也不分國籍，「南極人」可以進任何國家的避難所食宿，離去時只需留字致謝。

為了確保考察人員不致迷失方向，科學站主要建築物之間的道路上，必須埋設標樁，拉上粗粗的繩子。遇上暴風雪時，隊員們可以扶著繩索行走，以防被暴風雪颳走，所以南極考察人員把這些繩索叫做「南極救命繩」。

8. 冰縫

我們的星球在茫茫宇宙中是一顆蔚藍色的行星，神奇的生命之水賦予它最美麗的容貌。可是，水在地球兩極卻不堪忍受極地的寒冷，凝成一片白色的世界。

如果我們有機會坐飛機越過南極上空，將會發現，南極大陸是一個中部隆起、向四周緩緩傾斜的高原，巨大而深厚的冰層如同一個銀鑄的大鍋蓋，倒扣在南極大地上，所以又稱南極冰蓋。南極冰蓋的厚度相當驚人，平均厚度 2,000 公尺，最厚的地方有 4,800 公尺，尤其是在南極冬季時，大陸冰蓋與周圍海洋中的固定海冰連為一體，形成 3,300 萬平方公里的白色冰原，面積超過整個非洲大陸。

　　由於南極冰蓋如此之大、如此之厚，它的體積當然也相當可觀。在廣闊無垠的冰原上，除了少數高聳的山峰露出一點尖峰陡嶺，大部分陸地都埋在深深的冰層下面。實際上，南極大陸的地殼不堪重壓，竟然下沉了600 至 1,000 公尺。

　　南極冰蓋的最高點大約在南緯 51 度、東經 75 度一帶，在海拔高度4,200 公尺，由此向四周傾斜。由於重力作用，冰蓋向弧底的運動讓冰層開裂，冰原上密布著數不盡且隱藏在白雪下肉眼無法看見的冰縫。

　　這些在平原上縱橫密布的冰縫比暴風雪更恐怖，深達幾千公尺，由白色漸變為藍色的冰縫冒著白色氣體，像被打開的魔瓶，考察人員們稱之為「地獄之門」，掉下去即萬劫不復。最危險是有的冰縫上有一層稱為「冰橋」的薄冰層，冰上的人根本看不到下面是否有冰縫，人或車輛經過時，才會發生崩塌。

　　在對格羅夫山的取樣監測考察過程中，兩名隊員騎著雪地摩托車外出。行駛中摩托車突然往下一沉，在後座的隊員急忙用雙腳一撐冰面，前座的隊員則下意識地催動油門，當他們衝上冰面，身後便塌陷，出現一個比車身還寬的冰縫。面對著身後的這個冒著白氣的森然洞口，兩位在生死交界的考察人員，在南極零下 30 度的寒風中嚇出一身冷汗。

9. 白色的沙漠

　　南極是世界上最乾燥的大陸。你也許無法理解，南極大陸到處是冰雪覆蓋，大陸周圍是遼闊的海洋，怎麼會是世界上最乾燥的地方呢？

　　不同於撒哈拉大沙漠高溫、少雨的典型熱帶沙漠氣候，南極大陸的乾旱是因為低溫寒冷所造成。觀測紀錄顯示，整個南極大陸的年平均降水

量只有 55 毫米，降雨量的多寡從沿海向內陸呈明顯下降的趨勢。沿海地區，也就是冷暖氣流的交會處，降水量較多，每年可達 300 至 400 毫米，但這些降水量較多的地區都處在南極大陸的邊緣。南極大陸廣袤的冰原，它的上空常年為高壓冷氣團籠罩，從海洋吹來的暖溼氣流根本無法進入南極內陸，而且在寒冷冰原上空的冷空氣異常乾燥，水蒸氣含量極少，所以越往南極內陸，降水的機會越低。年平均降水量只有 30 毫米，南極點附近只有 5 毫米，幾乎沒有降水現象。

由於氣候寒冷，南極大陸降下來少量的水，並不是液態的雨水，而是紛紛揚揚的雪花或雪粒。除了南極半島北端以及較低緯度的一些島嶼在暖季有降雨現象，整個南極大陸實際上看不見降雨。到南極大陸進行考察的科學家，最明顯的體感是乾燥，在最初的幾個星期，幾乎所有的人嘴唇都會乾裂。

正因為如此，人們把南極大陸稱作白色的沙漠，極度的乾燥，使各國科學站將防火視為不可忽視的大事。因為他們知道，乾燥再加上風大，哪怕只有一點點小火星，都會釀成難以挽回的大禍。澳洲在南極大陸東部瀕臨紐康姆灣的凱西站，就曾在一場大火中毀於一旦。

為了預防火災的發生，各國科學站的房屋都保持一定的間隔，也會特別留意易燃物品的存放方式，如木料、油桶。中國南極長城站存放燃料的油庫刻意建在距離站區很遠的海濱高地，這都是預防火災的措施。此外，各國十分重視建築材料的防火效能，中國南極長城站室內的天花板、四面的牆壁採用石膏板，室內地板、房門和地毯也經過防火處理，目的都是為了杜絕大型火災事故。有「南極第一城」之稱的美國麥克默多基地也很重視預防火災，不僅對每個新來乍到的人反覆進行防火教育，基地還有一組專職的消防隊，所有的電話上都標有消防隊的電話號碼，以防萬一。

各國南極科學站如此重視防止火災，不是沒有原因的，這不僅是因為南極是地球的風極，大風會容易釀成火災，而且南極是世界上最乾燥的大陸，又缺乏水源，一旦著火，必定造成可怕的災難。

10. 移動的島嶼

在南極周圍的海洋 —— 南大洋中，漂浮著數以萬計的冰山，其體積之大，數量之多，遠遠超乎人們的想像。冰山和浮冰不同，浮冰是海水凍成的海冰，冰山卻是從南極冰蓋分離出來的。每年都有數以萬計的冰山從陸緣冰的邊緣分裂出來，飄浮在海上，形成瑰麗多姿的冰山，成為南極海域獨具特色的奇景。據統計，南大洋的冰山大約有 218,300 座，平均每個冰山重 10 萬噸。其中最普遍的是平頂臺狀冰山，源於陸緣冰和冰舌，此外還有圓頂型、傾斜型和破碎型的冰山。

南大洋的冰山普遍長幾百公尺，高出海面幾十公尺。大的冰山長度達到 170 公里，有的臺狀冰山高出水面達到 450 公尺。1956 年美國人觀測到一座罕見的大冰山，長 333 公里，寬 96 公里。這樣龐大的冰山，難道還不是移動的島嶼嗎？實際上，它的面積確實遠遠超過了大洋中的一些小島。像 1987 年 10 月初，羅斯冰架斷裂出一座冰山，長 140 公里，寬約 40 公里，高出水面 225 公尺，它的面積達到 6,400 平方公里！

冰山，在海上看起來似乎是靜止的，實際上它隨著海流的方向移動。由於南大洋的冰山體積大，海面溫度低，一般冰山的壽命可以維持 10 年左右，才會慢慢消融，而北冰洋的冰山平均壽命僅有 2 至 4 年。南大洋飄泊的大量冰山，雖然美麗壯觀，給大洋增色不少，但是對於航行在海上的船隻來說，冰山始終是可怕的威脅。尤其是在大霧瀰漫、能見度很差的天

氣裡，或者是夜航期間，船隻必須小心翼翼地避開冰山。現代化的考察船和其他船隻，配備了雷達裝置，能夠及時發現冰山，因而減少和冰山相撞的危險。

企鵝

企鵝是南極的「原住民」，人們把牠視為南極的象徵，當之無愧。

企鵝的數量多、密度大、分布廣，現已發現南極地區約有 1 億多隻企鵝，占世界海鳥總數的十分之一，南極大陸的沿岸及亞南極區的島嶼上都有牠們的蹤跡。凡是登上南極陸地的人們，首先注意到的就是成群結隊、滿山遍野的企鵝，企鵝讓南極洲這個受到冷落、寂寞的冰雪世界充滿生機。企鵝的長相令人喜愛，特別是那種道貌岸然、彬彬有禮、紳士般的風度，讓人留下深刻的印象；企鵝世世代代在南極嚴寒的氣候中生存，造就了一身適應惡劣環境的生理功能 —— 耐低溫；企鵝的生活習性獨特，如由雄企鵝孵蛋等；企鵝是寒冷的象徵，一看到企鵝，人們就會想到世界上最寒冷的地方 —— 南極洲，甚至許多飲料產品以企鵝作為商標，在盛夏若看到企鵝，便會給人一種清涼的感覺。

正是南極洲這個神祕的大陸孕育了這樣奇特的「居民」，南極企鵝和北極熊一樣，已成為人人皆知的代表性動物。南極企鵝的「故鄉」是在什麼地方？企鵝的祖先會不會飛？企鵝是由什麼演化來的等等關於企鵝的身世之謎，是生物學家正在探討和研究的課題，迄今為止仍無解。

然而，有一種說法，認為南極洲的企鵝自岡瓦納大陸裂解時期的一種會飛的動物演化而來。大約距現在 2 億年前，岡瓦納大陸開始分裂、解

體，南極大陸分離出來，開始向南漂移。有一群會飛的動物在海洋上方飛翔，牠們發現了漂移的南極大陸，牠們盤旋著、觀看著、嘰嘰喳喳地「議論」著，最後牠們決定降落到這塊土地上。一開始牠們在南極大陸上過得十分美滿，豐衣足食，盡情地追逐、遊玩。然而隨著大陸的南下，氣候越來越寒冷，牠們也無法離開，四周是茫茫的冰海雪原，走投無路，只好安分守己地待在這塊土地上。不久南極大陸到了極地，日久天長，蓋上了厚厚的冰雪，原來生機盎然的景象轉變為天寒地凍，大批生物死亡，唯有企鵝的祖先 —— 一種會飛的動物活下來了。但是，牠們卻產生極大的演化，由會飛變得不會飛，由原來寬闊蓬鬆的羽毛變成了細密針狀羽毛，原來苗條細長的軀體也變得矮胖了。生理功能隨著環境而改變，即抗低溫的能力增強了。最終牠們變成了現代的企鵝，成為南極地區的居民。

上述說法雖然有些離奇，但是也不完全是無中生有，尚有一些科學證據佐證。古生物學家在南極洲曾發現類似企鵝的化石。經分析認為，當時這種類似企鵝的鳥類具有兩棲類動物的某些特徵，高 1 公尺左右，重 9.3 公斤，也許這就是企鵝的前身。

皇帝企鵝，是現存企鵝家族中個體最大的種類，可說是企鵝世界中的巨人。一般體高在 90 公分以上，最大可達到 120 公分，體重達 30 至 40 公斤。過去在亞南極島嶼，有一種企鵝被認為是最大的企鵝，英語名稱是「King Penguin」，「King」意即國王，譯成中文，名為國王企鵝。後來，在南極大陸沿海又發現了一種體型更大的企鵝，比國王企鵝還要高大，於是命名為「Emperor Penguin」，「Emperor」意即皇帝，這就是「皇帝企鵝」這個名字的由來。

皇帝企鵝身披黑白分明的大禮服，喙為赤橙色，脖子底下有一片橙黃色羽毛，向下逐漸變淡，耳朵後部最深，全身色澤協調。在南極冰川上，

成群的皇帝企鵝會聚集在一起，熱鬧非凡，而又秩序井然。金色的太陽將碧藍的「宮殿」照耀得輝煌壯麗，千萬隻皇帝企鵝好像神祕國度的臣民，一個個穿著全黑的燕尾服和銀白色的襯衫長褲，脖子上再繫一個金紅色的領結，精神飽滿，舉止從容，一派君子風度。

皇帝企鵝個個都長得很健壯，平均壽命 19.9 年，這是因為大海裡的魚蝦和頭足類動物取之不盡，使皇帝企鵝們都能夠「豐衣足食」。皇帝企鵝的游泳速度為每小時 6.4 至 9.6 公里。皇帝企鵝在南極嚴寒的冰上繁殖後代，雌企鵝每次產 1 顆卵，由雄企鵝孵卵。主要的天敵是海豹、虎鯨等。

皇帝企鵝分布在南極大陸南緯 66 至 77 度之間的許多地方，例如靠近威德爾海的科茨地和靠近羅斯灣的維多利亞地。不過，現今皇帝企鵝的數量也僅有十萬隻。

在南極的夏季，皇帝企鵝主要生活在海上，牠們在水中捕食、游泳、嬉戲，一方面鍛鍊身體，一方面吃飽喝足，養精蓄銳，迎接冬季繁殖季節的到來。

每年 4 月，南極將會開始進入初冬，皇帝企鵝爬上岸來，開始尋找「安家立業」的寶地。皇帝企鵝的愛情生活十分有趣，「三角戀愛」和「情場風波」等也時有所見。假如兩隻雄企鵝同時愛上了一隻雌企鵝，為了爭奪對象，牠們常常鬥得面紅耳赤，遍體鱗傷。敗者夾著尾巴，灰頭土臉的掃興而去；勝者則洋洋得意，手舞足蹈，迅速奔到戀人身邊，嘴對著嘴，胸貼著胸，緊緊依偎在一起。如果兩隻雌企鵝為了爭奪一個丈夫，也會出現類似的情景。

企鵝的婚姻制度究竟是什麼樣子？迄今似乎沒有確切的研究和考證，

不過從皇帝企鵝的求偶行為來看，說牠是「一夫一妻」制，似乎也是可以被接受的。

經過上述一段愛情生活的波折後，皇帝企鵝找到情投意合的伴侶，也找到了繁殖地，於是便開始交配、懷孕、產卵、孵蛋和撫養雛企鵝的家庭生活。

雌企鵝懷孕期間約 2 個月左右，在 5 月左右便開始產卵。皇帝企鵝每次產 1 枚蛋，呈淡綠色，形狀像鴨蛋，但比鴨蛋大，約半公斤重。

雌企鵝在懷孕期也會產生妊娠反應，例如食慾大減，反應嚴重的長達 1 個月不進食。雌企鵝產卵後便完成任務了，孵蛋的重任由雄企鵝承擔。隔一、兩日，雌企鵝便會放心地離開，因為在懷孕期間差不多 1 個多月沒有進食，非消耗精神和體力，故雌企鵝後續會跑到海裡覓食、遊玩。

雄企鵝孵蛋的確是一項艱鉅的任務，因為企鵝的繁殖季節，正值南極的冬季，氣候嚴寒，風雪交加。企鵝的繁殖期之所以選在南極冬季，是因為冬季的敵害較少，能提高繁殖率，同時，到小企鵝生長到能獨立活動和覓食時，南極的夏天就來臨了，小企鵝可以離開父母，自食其力生活。這也是企鵝能順利適應南極環境的原因之一。

在孵蛋期間，為了避寒和擋風，幾隻雄企鵝常常並排而站，背朝迎風面，形成一堵擋風的牆。孵蛋時，雄企鵝雙足緊並，肅穆而立，以尾部作為支柱，分擔雙足所承受的身體重量，然後用嘴將蛋小心翼翼地撥弄到雙足背上，並輕微活動身軀和雙足，直到蛋在腳背停穩為止。最後，從自己腹部的下端耷拉下一塊皺長的肚皮，像袋子一樣把蛋蓋住。直到孵化前，雄企鵝便彎著脖子，低著頭，全神貫注地凝視著、保護蛋，竭盡全力、不吃不喝地站立 60 多天。一直到雛企鵝脫殼而出，牠才能稍微鬆一口氣，

輕輕地活動一下身子，理一理蓬鬆的羽毛，鼓一鼓翅膀，提一提神，接著準備執行照顧小企鵝的任務。

剛出生的小企鵝不敢脫離父親的懷抱擅自走動，仍然躲在父親腹下的皺皮裡，偶爾探出頭來，望一望父親的四周，窺視一下四周冰天雪地的陌生世界，很快就把頭縮回去。雄企鵝看到那初生的小寶貝，露出幸福美滿的笑容。一週之後，小企鵝才敢在父親的腳背上活動幾下，改變一下位置。在這期間，小企鵝沒有食物可以吃，只靠雌企鵝留給牠體內的卵黃作為營養來源，維持生命，所以經常餓得喳喳叫，甚至用嘴叮啄雄企鵝的肚皮。然而，小企鵝並不知道在長達 3 個月的時間裡，父親所受的苦難和付出的代價：冒著嚴寒的風雪，肅立不動，不吃不喝，只靠消耗自身儲存的脂肪來提供能量和熱量，保證孵蛋所需要的溫度，同時維持自己最低限度的代謝。在孵蛋和照顧小企鵝期間，一隻雄企鵝的體重會減少 10 至 20 公斤，將近原先體重的一半。

雌企鵝自從離別丈夫之後，在近岸的海洋裡，玩夠了，吃飽了，喝足了，補充懷孕期間的損耗，又變得心寬體胖，精神煥發。一想到牠的寶貝快要出生了，便匆匆躍上岸，踏上返回故居之路，尋找久別的丈夫和初生的孩子。然而，此時此刻，雌企鵝可曾想到，牠的家庭成員是禍還是福，是凶還是吉？

雄企鵝孵蛋的孵化率很難達到 100%，高者達 80%，低者不到 10%，甚至有「全軍覆沒」的慘況發生。這倒不是由於雄企鵝造成的悲劇，也不是因為牠的孵蛋經驗不足或技術不佳，主要是由於惡劣的南極氣候和企鵝的天敵所致。

造成傷害的氣候因素有兩個：一是風，二是雪。企鵝孵蛋時若遇上每

秒 50 至 60 公尺的強大風暴，就難以抵擋，即使築起擋風的牆也無濟於事。可以想像，強風能颳走帳篷、捲走飛機、移動建築物，把一、二百公斤重的物體拋到空中，更何況小小的企鵝呢！遇到這種天災，只會落得「鵝翻蛋破」，幸者逃生。特別是暴風雪，即風暴掀起的強大雪流，怒吼著、咆哮著、奔騰著，橫衝直撞地襲擊著一切，孵蛋的企鵝不是被捲走就是被雪埋，倖存者屈指可數。

企鵝的天敵也有兩個：一是凶禽 —— 賊鷗，二是猛獸 —— 豹海豹。雖然，企鵝選擇在南極的冬季進行繁殖，是為了避開天敵的侵襲，但是，天有不測風雲，企鵝也有旦夕禍福。冬季偶爾也會有天敵出沒，萬一孵蛋的企鵝碰上這些凶禽、猛獸，也是凶多吉少，企鵝蛋有可能被吞食或碎裂。這種悲慘景況，時有發生。

初生企鵝的幼兒階段，是在雄企鵝的腳背上和身邊度過的，雄企鵝既是父親又是照顧者。儘管初生的企鵝樣子不怎麼好看，渾身毛絨絨的，灰黃色，瞪著一對帶內圈的小眼睛，走起路來東歪西斜，但雄企鵝對牠仍然十分疼愛。小企鵝出生後，有時會餓得喳喳直叫，雄企鵝又心疼，又著急，便伸展幾下脖子，試圖從自己的嗉囊裡吐出一點營養物來，填充一下小企鵝的肚子。然而，常常是失敗的，一點東西也吐不出來。自從孵蛋以來，雄企鵝差不多有 3 個來月沒有進食了，自己的嗉囊早已空空如也，哪裡還能擠出什麼東西來呢！牠這樣做，只不過是對小企鵝的一種安慰罷了，雄企鵝只能焦急地等待著雌企鵝的到來。

憑著生物的本能和鳥類特有的磁性定向功能，雌企鵝準確地回到了生兒育女的棲息地。憑著雄企鵝的叫聲 —— 企鵝通訊和交流感情的語言，雌企鵝又準確無誤地認出了丈夫、孩子。此刻，雌企鵝除了與久別重逢的丈夫親熱之外，所想到的就是牠的寶貝。牠給寶貝的第一件禮物就是一頓

美食，小企鵝見到媽媽，本能地張開了嘴巴，雌企鵝把嘴伸進小企鵝的嘴裡，從自己的嗉囊裡吐出一口又一口的流汁食物，這是小企鵝出生以來的第一頓飽餐，也是牠第一次享受到母愛。

從此，小企鵝就由雌雄企鵝輪流撫養。雄企鵝把小企鵝交給妻子之後，也跑到海裡去覓食，此時牠已顯得消瘦，筋疲力盡。

由於父母雙親的精心撫養，小企鵝長得很快，不到一個月，就可以獨立行走、遊玩了。為了便於外出覓食和加強對後代的保護和教育，企鵝父母便把小企鵝委託給鄰居照顧。由一隻或幾隻成體皇帝企鵝照顧著一大群小企鵝的「幼兒園」就形成了。在幼兒園裡，阿姨像照顧自己的子女一樣，細心的照顧所有的孩子。小企鵝也乖乖地聽阿姨的話，在那裡過得很開心，等牠們的父母回來，才把牠們接回去。幼兒園的小企鵝偶爾也會遭受凶禽、猛獸的侵襲，此刻，阿姨們便會發出救急訊號，招呼鄰居，前來救援，合力對抗敵人。

儘管小企鵝在家庭和集體的精心撫養和照料下，不斷成長、健壯，然而，由於南極惡劣環境的壓力和天敵的侵害，小企鵝的存活率很低，僅占出生率的 20％至 30％。小企鵝出生 3 個月左右，南極的夏季來臨了，牠們跟隨父母下海覓食、游泳。當南極的盛夏來臨時，牠們已長出豐滿的羽毛，體力也充沛了，於是牠們脫離父母，開始過自食其力的獨立生活。

南極賊鷗

在南極海鷗中有一種褐色海鷗叫賊鷗，聽其名，就大概知道牠不是什麼受歡迎的動物，把牠稱作「空中強盜」一點也不過分。儘管牠的長相並

不十分難看，褐色潔淨的羽毛，黑得發亮的粗嘴喙，圓形的眼睛炯炯有神，但慣於竊盜、搶劫，給人一種討厭之感。

賊鷗是企鵝的大敵。在企鵝的繁殖季節，賊鷗經常出其不意地襲擊企鵝的棲息地，叼食企鵝的蛋和雛企鵝，企鵝不得安寧。

賊鷗好吃懶做、不勞而獲，牠從不自己壘窩築巢，而是採取霸道手段，搶占其他鳥類的巢窩，驅散其他鳥類的家庭，有時甚至窮凶極惡地從其他鳥獸的口中搶奪食物。一旦填飽肚皮，就蹲伏不動，消磨時光。

賊鷗給科學家和考察人員帶來很大的麻煩。在野外考察時，如果不加提防，隨身所帶的野餐食品，會被賊鷗叼走，碰到這種情況，人們只能望空而嘆。當人們不知不覺地走近牠的巢地時，牠便不顧一切地襲來，唧唧喳喳地在頭頂上亂飛，甚至向人們俯衝而下，以爪子或尖喙攻擊，有時還向人們頭上排泄，大有趕走考察人員，摧毀考察站之勢。

賊鷗的飛行能力較強，或許是因為長期行盜鍛鍊出來的，據說，南極的賊鷗也能飛到北極，並在那裡生活。

在南極的冬季，有少數賊鷗在亞南極南部的島嶼上越冬。中國南極長城站周圍就是牠的越冬地之一，那裡到處是冰雪，在夏季幾個月裡裸露的小片土地被雪覆蓋，大片的海洋也被凍結。這時，賊鷗的生活更加困難，沒有巢居住，沒有食物吃，也不遠飛，就懶洋洋地待在考察站附近，靠吃站上的垃圾過活，人們稱之為「義務清潔工」。

南極賊鷗是地球上在最南緯度可發現的鳥類，在南極點上也曾有其出現的紀錄。在南半球有南極及亞南極 2 種賊鷗，實際高度分別約是 53 與 63 公分左右，前者的體型略小且有較淺白色之羽毛，不同亞南極種之賊鷗可能成對的活動。賊鷗在夏日繁殖，每次會產兩個蛋，孵化期約為 27

天，惟經常只有 1 隻幼鳥能存活。冬季時，牠們活躍於海上，甚至可能到北太平洋的阿留申群島。賊鷗以企鵝蛋或如海鷗等其他海鳥及磷蝦為食，牠們亦會兩隻共同合作，即一隻在前頭引開欲攻擊之企鵝，另一隻在後頭取其蛋因而得其名為「賊鷗」。

賊鷗多在海島上空飛翔，一般不到海面上活動，有時為追捕食物也會飛到離岸不遠的上空與獵物周旋。賊鷗的飛行能力很強，其展翼翱翔的姿勢剽悍暴烈，勇猛無比，否則，賊鷗又怎麼能在環境條件極差的南極生存？喬治島上的鳥類幾乎無一能與之匹敵。如果你試圖接近賊鷗的窩，牠們便會顯露出凶殘狠鬥的架勢向你撲來，時而垂直俯衝，時而掠地滑行，勢如急風驟雨。此時明智做法是用厚厚的連衣帽緊緊裹住自己的腦袋，迅速退縮，避開賊鷗的攻擊。當然，一般來說賊鷗不會主動襲擊人類，只要你不做出侵犯牠們的舉動，哪怕你只隔牠兩、三公尺遠，牠們也會視若無睹，毫不介意。

賊鷗的食性較廣，並不會刻意挑選食物的種類及品質，肉類和植物類均可為食，只要能填飽肚子就可以了，所以鳥蛋、幼鳥、海豹的屍體，或鳥獸的糞便等，都可以是食物。牠們十分飢餓的時候也會偷襲考察隊營地的食品儲藏處，甚至考察人員丟棄的廚餘和垃圾也可能是牠的佳餚。一早醒來，人們會發現豬肉不翼而飛，雞蛋殼灑了一地，而地面上盡是賊鷗的爪痕。

第三章
令人吃驚的物種和自然奇觀

狼人真的存在嗎

狼人

世界上真的有狼人嗎？

在英國著名作家 J.K. 羅琳（J. K. Rowling）寫的兒童奇幻小說《哈利波特》（*Harry Potter*）中就有關於狼人的詳細描寫，其中說到，路平是被狼人灰背咬傷後才變成狼人，每逢月圓之夜就會消失不見。在變成狼的模樣的時候，狼人會變得六親不認，無法控制的傷害身邊的人。

在歐洲，也有關於狼人的民間傳說。據說，狼人是能變形的人，平時和普通人沒什麼差別，但每到月圓之夜，他們就會變身成為狼。變身後的狼人會很殘暴、血腥，遇人吃人，還會對著月亮發出狼嚎聲。

其實，早在很久以前，世界很多古代文化中就出現關於狼人的記載。在中世紀的歐洲，甚至有人僅僅因為長有濃厚的毛髮，或者被狼咬過，就被指控為狼人，並因此遭受酷刑。

關於狼人，科學界並未做出明確的論述，大多數學者並不認為狼人真的存在。至於人們對於狼人的種種議論和幻想，科學界有以下幾種看法：

第一種看法認為，狼人並不是狼的變身，而僅僅只是一種「先天性遺傳多毛症（hypertrichosis）」。在中國就曾有這種案例，有一個家庭生下來的孩子，無論男女，全身都布滿了濃密的毛髮。經醫學鑑定，那只是一種遺傳病史，傳言中的狼人很有可能就是這一類的人。

第二種看法是妄想症。心理學家認為堅信有狼人存在的人，很有可能患有「變狼妄想症」，他們相信自己會被狼的靈魂附身，然後變身為狼。

第三種就是現實生活中確實存在的「狼孩兒」。從古到今，不少動物收養人類小孩的故事，其中曾被狼撫養過的孩子數不勝數。這些孩子由於從小和狼群朝夕相處，受到狼群集體照顧和保護，他們的生活習性和行為方式都會受到狼的影響。例如：被狼收養過的孩子，都會喪失說話的能力；怕強光，尤其會怕火；喜歡吃生食，甚至會像狼一樣嗷叫。當這些孩子重歸人類社會的時候，人們往往會認定他們就是天生的狼人，才會擁有與狼生活的本領。不然，凶惡的狼群一定會吃掉他們，怎麼可能把他們撫養長大呢？這也是很多人認為狼人確實存在的最根本原因。

其實，狼人在本質上只是一種傳說，這個世界上沒有會變身為狼的人。而狼在今天看來也不是十惡不赦，很多學者認為，狼是一種忠誠且有智慧的動物，至於牠的凶殘也僅僅是動物的本性而已。

關於吸血鬼的傳說

吸血鬼

從藝術的角度來看，吸血鬼是非常有魅力的，但從現實的角度來看，吸血鬼一直是一個恐怖和驚悚的字眼。有人說，現實中確實存在吸血鬼，他們沒有心跳、沒有體溫，且嗜血如命。這是真的嗎？

《聖經》中最早記載了這樣一個關於吸血鬼的故事：亞當和夏娃被逐出伊甸園之後，來到了荒野，生下許多的孩子。其中該隱是年紀最長的孩子，也是世界上第三個人類。他因憤恨而殺害了自己的弟弟，受到上帝的懲罰。該隱所受的懲罰是終生必須靠吸食活人鮮血維生，並且永生不死，世代都會受到這樣的詛咒和折磨。該隱成為第一位吸血鬼，後來書中又說

法力高強的莉莉絲教導該隱利用鮮血增長自己的力量，因此，也有人說，莉莉絲才是真正的第一位吸血鬼。

　　另一個關於吸血鬼的傳說是在 14 世紀，由於德古拉伯爵失去了自己最愛的人而詛咒上帝，進而變成第一個吸血鬼，被他吸過血的人都會變成吸血鬼。除此之外，還有一種版本是說，猶大因出賣耶穌，被上帝懲罰變成吸血鬼，在黑暗中進行懺悔。所以，傳說中的吸血鬼都害怕陽光，害怕十字架。

　　以上只是關於吸血鬼的傳說和記載，它們大多都與宗教相關。現實中也有疑似吸血鬼現身的案例。義大利曾發現一具嘴裡塞著石塊的遺骸，經鑑定，這是一個在 15 世紀被處死的吸血鬼。嘴裡塞上石塊，是為了避免吸血鬼吸食其他屍體的血而復生。但這具屍骸的發現地點是在當年黑死病流行的一個亂葬崗，黑死病死者的嘴裡通常會滴出鮮血，因此，這具屍骸很有可能患了黑死病，讓當時的人認為他就是吸血鬼。

　　還有兩個案例發生在塞爾維亞，一是該地一名 62 歲的老人向孩子要求食物不成，第二天，老人的屍體暴露在外，鄰居也失血而死，人們認為，這個老人化成吸血鬼。另一個是說，一個年邁的軍人曾被吸血鬼咬過，他死後鄰居也紛紛死去。

　　從科學角度來說，吸血鬼是不可能存在的。因為無論是歷史記載，還是民間傳說，只要被吸血鬼咬過的人，也會變成吸血鬼，那麼從吸血鬼被記載的時間開始，世界上的人早就滅絕了，代替我們生存的就只有吸血鬼，這顯然是不可能的。

　　科學認為，人們所傳言的吸血鬼很有可能是患有紫質症（Porphria）的患者。這是一種罕見疾病，到了晚期患者膚色變暗，牙齦的萎縮使他們的

牙齒顯得很長，門牙會出現血紅色，看起來就像沾了血一樣，嚴重的紫質症患者會吸食人血以緩解痛苦。

永遠的冰人

冰人奧茲是 1991 年來自德國的西蒙夫婦，在阿爾卑斯山脈的奧茲塔爾山冰川中發現的一具木乃伊，這具木乃伊的名字就是根據其發現地而命名。這是迄今為止發現地最古老，且因冰封保存最完好的天然木乃伊。

經過研究鑑定，冰人奧茲來自 5,300 年前，死時大約 40 歲，童年居住在義大利波爾查諾北部，後遷往據原居住地以北大約 50 公里的地方。現在珍藏在義大利波爾查諾的考古博物館裡。

根據科學家的研究，奧茲的頭髮是黑色的，有些捲曲且長度至肩膀以下，他的眼球深陷在眼窩裡，科學家已分辨出奧茲的眼球是藍色的。他的兩個門牙之間的縫隙很大，且沒有智齒。奧茲的身上有很多紋身，有些紋身的位置還與中國針灸穴位相應。在衣著方面，他穿著草織的衣袍和皮背心，用熊皮和鹿皮製造的鞋子，具有防水的功能，他隨身還帶著弓箭和一些具興奮劑成分的藥品。

從奧茲的外部特徵來看，奧茲是一位牧羊人。關於他的死因，人們有著種種猜測。起初人們認為奧茲是在放牧的時候，遇到了暴風雪，然後就被埋在雪堆裡活活凍死了。還有人認為奧茲是被趕出部落，最後被族人追殺而死，甚至有人懷疑奧茲是死於一種祭祀活動。不過奧茲隨身攜帶的武器和傷口，又讓人感覺他是經過一場戰爭，負重傷而死。後來發現奧茲負有箭傷，箭頭還留在他的身體裡，很有可能是拔出箭桿時，加重了傷勢，

失血過多而死。但最終法醫專家一致得出的結論是奧茲頭部遭受了重擊，才導致他死亡。

透過檢查奧茲胃部的食物殘渣，科學家鑑定出奧茲死亡前吃過山羊肉和蔬菜，還有馬、鹿和魚肉。他的工具上殘留著一些動物的血液和毛髮，證明奧茲當時以獵殺動物為主要食物。根據奧茲結腸裡發現的花粉分析，他死亡的時間應該處於春季或者夏初。

義大利研究團隊透過對冰人 DNA 的分析鑑定，發現奧茲不屬於任何已知的現代人種，死時因被雪冰凍得以保存至今，具有相當大的研究價值。

什麼是藍色人種

藍色人種是一種全身都是藍色的稀有人種，他們不但皮膚呈現藍色，就連血液也是藍色的。據說他們不但很少生病，壽命也很長，大多數人都能活到 80 多歲。西元 1860 年代，在肯塔基州山上居住著一個藍色人種家族，族群十分龐大，現存的藍色人種則分布在智利山區，接近 6,000 公尺海拔的偏遠地區。

在非洲發現藍色人種的是歐洲的考察隊，他們在一個與世隔絕的山區跋涉時，突然看見有幾個人影閃過，他們悄悄跟上去，發現那是幾個用獸皮和樹葉遮體的藍色人。經過幾天的跟蹤及觀察，考察隊發現藍色人種家族，他們居住在洞穴裡，仍然保持在原始社會時期的生活習慣。

南美洲藍色人種是美國生理專家韋西在智利山區發現的。那裡海拔6,000 多公尺，山上終年積雪，氣溫常常維持在零下四、五十度，空氣十

分稀薄，這樣的環境是人們無法忍受和長期生存的。那麼他們的藍色皮膚是怎樣形成的呢？韋西教授認為，生活在這裡的人們為了適應惡劣的自然環境，抵禦嚴寒酷冷，攝取足夠的氧氣，他們的體內會大量生成血紅素，而過量的血紅素充斥在人的血管裡就會顯示出藍色。

藍色人種的發現，科學界持有不同的看法。其中一種觀點認為，藍色人種的血液裡某些成分發生了異變，導致其顏色發生改變，這種變化很有可能是由某種特殊的基因造成的。美國科學家指出，血紅蛋白在血液中負責輸送氧氣，正常情況下，血紅蛋白是紅色的，當氧氣缺乏時，血紅蛋白就會變成藍色。藍色人種長期生活在缺氧地區，血液自然會變成藍色。還有一些科學家從具有藍色血液的海洋動物身上得到啟發，認為血液的顏色受血細胞蛋白中含有的物質元素影響，由於藍色人種的血液中缺乏鐵元素，才會使他們的血液呈現藍色，但是這並沒有辦法說明為什麼他們的皮膚也呈現藍色。

總之，對於藍色人種的存在，科學界一致認為這是一種疾病或異常，暫時還不會影響到人種劃分的問題。

海市蜃樓

海市蜃樓

平靜的海面、大江江面、湖面、雪原、沙漠或戈壁等地方，偶爾會在空中或「地下」出現高大樓臺、城廓、樹木等幻景，稱「海市蜃樓」。在山東蓬萊海面上，便常出現這種幻景，古人歸因於蛟龍之屬的蜃，吐氣而成樓臺城廓，因而得名。

我們來做個實驗：取一個杯子，倒入大半杯水，放在太陽光下，在杯中插入一根筷子。這時你看到水中的筷子和水面上的筷子像是折斷一樣。這是光線折射所造成的；光在同一密度的空氣中行進時，速度不變，始終以直線的方向前進；但當光傾斜地由空氣進入水，密度改變，光的速度就會發生改變，並使前進的方向產生曲折。

出現在沙漠裡的「海市蜃樓」，就是太陽光遇到不同密度的空氣而出現的折射現象。沙漠裡，白天時沙石受太陽炙烤，沙層表面的氣溫迅速升高。

由於空氣傳熱效能差，在無風時，沙漠上空的垂直氣溫差異非常顯著，下熱上冷，上層空氣密度高，下層空氣密度低。當太陽光從密度高的空氣層進入密度低的空氣層時，光的速度產生改變，經過光的折射，便將遠處的綠洲呈現在人們眼前。在海面、江面或是沿海，有時也會出現這種「海市蜃樓」的現象。

在三界之內，也有很多層物質空間。宗教中提到的九大層天、十八層地獄，如天人、鬼都是在不同空間。我們的人眼就看不到他們。

在我們的空間的人所能看到的光是在可見光範圍之內（400 至 700 奈米），我們看到的物質是因為我們的眼睛可以接受其反射的可見光。在夜裡，物質發出的紅外線我們就接收不到。即使在可見光範圍之內，如果光過強或過弱，我們也看不到。人眼是由我們這個空間的物質構成的，是由最大一層分子組成的最大一層粒子構成的，只適合看到一定能量範圍的光。

如果是分子組成的稍微小於最大一層粒子的那層空間粒子的時候，人眼就看不到了，更不要說由分子組成的更小粒子的空間了。對人來講，這

些物質反射的光是不可見光。但是，這個空間的生命卻能接收到這層空間物質反射的光，並能看到這層空間的物質，因為組成他們眼睛的分子顆粒和人眼分子顆粒不同。

海市蜃樓是另外一個空間的真實呈現，在物質的運動下，反映到我們這個空間裡來了。一種海市蜃樓發生在海上。這裡空氣溼度大，在一定範圍之內的空間空氣溼度比較大，另外厚度比較大，這樣大面積的水蒸氣在運動下陰差陽錯地就能形成一個龐大的透鏡系統。就像一個巨大的放大鏡和顯微鏡一樣，把微觀世界的另外空間的景象反映到我們的空間來了，人眼就能觀察到。

另外，人們看到的海市蜃樓的景象有時是運動的，空間的物質就是運動的。在沙漠或其他地方，如果物質在運動下也能形成一個龐大的微觀觀測系統，人們就可以觀測到另外空間了，也就是人們所說的海市蜃樓。海市蜃樓也經常發生在雨後，這時的空氣溼度較大，也易形成透鏡系統。

當近地面的氣溫劇烈變化，會引起大氣密度很大的差異，遠方的景物，在光線傳播時發生異常折射和全反射，從而造成蜃景。山東蓬萊縣，常可見到渤海的廟島群島幻景，素有「海市蜃樓」之稱。

海市蜃樓是近地面層氣溫變化大，空氣密度隨高度強烈變化，光線在筆直方向密度不同的氣層中，經過折射進入觀測者眼簾造成的結果。常分為上現、下現和側現海市蜃樓。其實，太空人在太空旅行過程中看到被放大的地球景物，這種現象有時也被稱為海市蜃樓！

冰封南極的不凍湖

只要提起南極，我們的第一個印象就是它是被幾百至幾千公尺厚的堅冰所覆蓋的地方，零下 50 至 60 度的溫度，讓南極的一切都失去活力，石油在這裡就會像瀝青一樣凝固成黑色固體，而煤油在這裡由於達到不了燃點，根本變成了非燃物。然而，有趣的自然界向人們展示出它那魔術般的本領：在這天寒地凍的世界裡竟然奇蹟般地存在著一個不凍湖。

這個小湖在零下 50 度的時候，也不會結冰，所以被人們稱作「湯潘湖」。這個湖非常的小，直徑也僅僅只有數百公尺，湖水也非常淺，大約只有 30 公分。這個湖裡的水含鹽度比較高，如果把一杯湖水潑到地上，眨眼間就會出現一層薄薄的鹽。科學家們經過觀察發現，即便氣溫低至零下 57 度，湯潘湖也不會結冰，所以人們稱它為「不凍之湖」。那為什麼在南極這麼寒冷的地方，這個湖不會結冰呢？

經過科學家們深入探查，提出各式各樣的想法。有的科學家提出：是氣壓和溫度在特殊條件下結合在一起的結果。他們認為，在南極地區，由於 500 公尺深處的海水不直接與寒冷的空氣接觸，所以水溫會高於地面上的溫度。這種溫差作用使得海水產生垂直方向的運動，就會形成一股漩渦，這股漩渦的力量，把 500 公尺深處的海水捲到海面上，因此形成了不凍湖。

而另一種觀點則認為，在南極臨海的地區，存在一些奇特的鹹水孔會散發熱量，因此凝結成巨大冰塊。當冰塊的重量達到一個限度的時候，便會整塊的下沉至海底。在巨大冰塊的擠壓下，深層溫度較高的海水就會被擠到表面，於是形成不凍湖。但是湖水與寒冷空氣接觸一段時間後，湖水就會再次變成大冰塊，不凍湖便會消失。

　　甚至還有一些科學家則認為：在南極的冰層下，有可能存在著一個由外星人建造的祕密基地，他們在活動時所散發的熱能將一塊地方的冰融化了，所以形成了不凍湖。

　　還有的科學家指出：這是一個溫水湖，在這水下可能有個大溫泉，這裡的水溫被它提高了，所以冰便融化了。

　　這些都是科學家針對不凍湖的特殊現象而提出的種種推測和猜想，直到現在，還沒有一個科學家提出符合科學實證且具有公信力的結論。

神奇的「吃」人樹

「吃」人樹

　　聽說過動物會吃人，但沒聽說過有植物竟然也會吃人，可是確實有過這樣的傳聞。

　　法國人呂蒙梯爾和蓋拉兩人帶著他們的家人來到非洲內爾科克斯塔的莫尼斯克樹林中度假。呂蒙梯爾帶著自己的兒子歐文斯和蓋拉的兒子亞博去樹林裡撿枯木，呂蒙梯爾忽然聽見孩子的叫喊，他向發出聲音的地方奔去，途中卻被一棵大樹吸住，最後脫掉衣服才得以脫困。後來蓋拉太太好奇去看那棵樹，結果被吸入一個樹洞，等到被發現的時候，她已經蜷成一團死去。想將她的屍體搬出來時，屍體卻沒有了蹤影。

　　聽起來是多麼可怕的食人樹啊！相關專家分析，這裡的樟樹已有4,000多年的壽命，直徑達 6 公尺。後來也有很多人相信，在我們居住的地球上，真的存在一種會吃人的植物。

在非洲馬達加斯加，便有一種會吃人的樹，像一棵巨型的鳳梨，大約有 3 公尺高，樹幹呈圓筒形狀，枝條像蛇一樣，當地人稱它為「蛇樹」。據說這種樹非常敏感，當有鳥兒落在它的枝條上，很快就會被它的枝條纏住，沒多久鳥就不見了。

美國植物學家里斯爾在 1937 年的時候，體驗過蛇樹的威力。他的一隻手無意間碰到樹枝，手馬上被纏住，他費了很大的力氣才掙脫出來，可是手背上卻掉了一大塊肉。

還有在印尼的爪哇島上，生長著一種叫「奠柏」的吃人樹。這種樹的枝葉很大，它的枝條又多又長，甚至拖到地上，像垂掉下來的電線，會在微風中搖曳。如果有好心人想要幫它把快要斷了的枝條綁好，吃人樹就會不客氣地把人抓住，分泌出一種很黏的汁液，牢牢的黏住人再慢慢消化掉。隨後重新展開枝條，等待下一次「飽餐」的機會。有動物學家研究發現，這種樹是以腐爛的人和動物的屍體為食物，維持生命。可是雖然吃人樹很凶殘很可怕，可是當地人並不願將其砍伐掉，甚至對其加以保護。這種樹分泌出的黏液其實是一種極貴重的藥材和工業原料，當地不少人以此為生，還因此發財。當地人採集這種珍貴藥材時為了安全，在採集之前，都會先養很多的魚，然後把魚一條一條地「餵」給大樹，吃人樹「吃」飽後就會變得懶洋洋，這時人就可以安然無恙地採集黏液了。

其實根據現有的資料可以知道，吃人樹依靠的武器是葉子上或枝條上分泌出的消化液。在雨水較少和缺少礦物質的地帶所生長出的食肉植物，因為這些地區土壤呈酸性，缺少氮的養分，所以使得食肉植物根部的吸收作用變小，甚至退化。為了得到氮營養，滿足生存的需求，這些植物就逐漸變成食肉的植物了。

不過，由於現在環境不斷惡化，世界上食肉植物的野生棲息地被農場、球場代替，90%的食肉植物都已滅絕。

骷髏海岸

骷髏海岸

在 1933 年，有一名瑞士的飛行員諾爾從開普敦飛往倫敦時，飛機不幸失事，墜落在這個海岸附近。有一個人指出諾爾的骸骨有一天一定會在「骷髏海岸」找到，骷髏海岸因此而得名。不過諾爾的遺體一直沒有發現，卻給這個海岸留下了這樣的名字。

骷髏海岸被當地人稱為「土地神龍顏大怒」，這裡一年到頭都不常下雨，還是世界上最為乾旱的沙漠之一。這條海岸綿延在古老的奈米比亞沙漠和大西洋冷水域之間，長達 500 公里，曾被葡萄牙的船員稱為「地獄海岸」，現在叫做骷髏海岸。

如果從空中俯瞰，骷髏海岸是一大片摺痕斑駁的金色沙丘，從大西洋向東北延伸到內陸的砂礫平原。在海岸沙丘的遠處，風把岩石侵蝕成奇形怪狀，好像妖魔鬼怪，從荒涼的地面浮現出來。在海邊，大浪猛烈拍打著緩斜的沙灘，把數以百萬計的小石子沖上岸邊，有花崗岩、玄武岩、砂岩、瑪瑙、光玉髓和石英的卵石，讓沙灘上呈現不同的風景。

這裡的河床下有地下水，滋養了無數的動植物，且種類繁多，令人訝異。這些乾涸的河床被科學家稱為「狹長的綠洲」，白晝來臨，當一股乾熱的東風吹過沙丘，那些奇特的沙漠生物就會得到美餐 —— 從腹地吹來

的或活或死的有機物，被曝晒得灼熱的沙漠頓時就會變得生意盎然，蜥蜴、甲蟲和其他的昆蟲都從沙裡鑽出來急不可待地追逐風帶給牠們的佳餚。不過與灼熱的沙灘相比，這裡的海水是冰涼的，在冰涼的水域裡，居住著沙丁魚、鯤魚和鰡魚。這些魚會引來一群群海鳥和數以十萬計的海豹，在這荒涼的骷髏海岸外的島嶼和海上繁衍。

骷髏海岸名不虛傳，充滿了危險，在這裡有交錯的水流、8 級大風、令人毛骨悚然的霧海和深海裡高低起伏的暗礁。所以來往這裡的船隻經常失事，傳說有不少失事船隻的倖存者跌跌撞撞爬上了岸，當正慶幸自己還活著時，竟慢慢被風沙折磨而死。直到今天，過去因失事而破裂的捕鯨船隻，其殘骸仍然雜亂無章地散落在這裡，這個海岸還布滿了許多沉船的殘骸和船員的遺骨。

1943 年，在這個海岸沙灘上發現了 12 具無頭骸骨橫臥在一起，在附近還有一具兒童骸骨，不遠處一塊久經風雨的石板上，有這樣一段話：「我正向北走，前往 96 公里處的一條河邊。如有人看到這段話，照我說的方向走，神就會幫助你。」這段話刻於西元 1860 年，不過至今也沒有人知道遇難者是誰，也不知道他們因為什麼曝屍海岸，還都失去了頭顱。

這個海岸還是危險的，而且還有很多的謎，等待我們去探索發現。

能夠自轉的島

我們知道地球可以自轉，但你聽說過小島也可以像地球一樣自轉嗎？傳聞有人發現過能夠像地球一樣自轉的小島。

1964 年，一艘名叫「參捷」號的希臘貨輪在航經西印度群島時偶然發

現這座怪島。船長卡德和船員在海上航行的時候看到一座很美麗的小島嶼，想去島上看一看能不能找到有價值的東西，於是船長卡德就召集船員們一起去島上考察，並在船隻駐泊旁的一棵大樹上刻下自己的名字、登島時間和貨船的名字，留作紀念，然後就和船員們興致勃勃地登島考察。大約半小時後，他們回到上岸的地點，正準備起航，有一名船員突然大叫起來：「你們快看，我們離剛才停船的地方，也就是船長刻字的那棵大樹差了將近 100 公尺呢！我們的船已經拋錨了，它怎麼會自己走動呢？」他的話使船員們感到驚訝，立即檢查剛才拋錨的地方，並沒有發現船被拖走的痕跡而鐵錨仍然十分牢固地鉤住海底。後來經過他們的仔細觀察，認為不是船在走而是島嶼本身在旋轉。

這個小島很有規律性的自轉，每 24 小時旋轉一周，並且都在朝同一方向有規則地自轉，從來沒有出現過反轉現象，周而復始。

那麼，這個小島為什麼會自行旋轉呢？有不少人發表自己的猜想，有人推測這座島很有可能是一座浮在海上的冰山，小島隨著潮汐的起落而旋轉。可是其他「浮」在海上的冰山島為什麼不能這麼有規律地自轉呢？仍無法得到很好的解釋。

何為巨人島

巨人島

一般人在青春期會開始明顯的發育、成長，不過到了成年就不再長高，奇怪的是有些人在去過一個小島之後，就會再長高一些。世界上存在這樣一個獨特的島，島上的居民也長得非常高大。由於這座島具有這樣的

特異功能，被人稱為「巨人島」，也被譽為「能使人長高的島」。

在遙遠的西印度群島中，有個島在廣闊的加勒比海上，叫做「馬提尼克島」。島上有一個很奇怪的現象，當地的居民一個個身材高大，而到這個島上定居的外地人，哪怕是已經不再長高的成年人，也都會無例外的再長高幾公分。而且不僅是人，連島上的動物、植物和昆蟲的體積也相當大，特別是這個島的老鼠竟長得像貓一樣大。

有一名記者在遊覽這個島之後寫道：「來到這裡，就彷彿進入了童話中的巨人世界，男性身高兩公尺多，十幾歲的男孩比島外的普通成年人還要高很多。在他們的眼中，我們好像是從小人國來的。圍繞在我身邊並用驚奇的眼光向下看著我，就好像我是一個玩物。」這個小島上為什麼會有這樣奇怪的現象？

巨人島之謎吸引許多科學家不遠千里來到該島進行長期的考察和勘測，並且提出了許多假說和猜測。

有人認為，可能有一架飛碟或是其他天外之物墜落在這個島上，使島上產生一種不明的輻射光，能讓生物迅速增長。

有一些科學家認為，這個海島上一定埋藏著很多放射性礦物。而這種放射性物質能夠使人的內部機能發生某種特別的變化，因而導致人體增高。

還有一些科學家發表了新的觀點，認為這裡地心引力很小，才使人長高。原因是前蘇聯的兩名太空人在太空梭脫離軌道後，在其複合體中困留了長達半年，獲救後每人的身高都增加了三公分，而就是失重和引力減少所產生的作用。

可是這幾種理論都無法讓人信服，因為沒有確切的資料證明有不明物

體落在這個島嶼上，就算是有，也無法證明和讓人長高有關。如果單純因為放射性物質的作用會使人長高，為什麼長年生活和工作在放射性物質旁的人不會長高？如果引力小就會使人長高，為什麼地球上其他引力也很小的地方，卻沒有形成第二個巨人國？

對於巨人島，科學界也無法提出合理的解釋，至今也還是個謎，或許只是自然和地理環境搞的鬼，不過誰也沒辦法證實。

令人自焚的火炬島

在東太平洋上，距離墨西哥海岸約 400 海里的帕爾斯奇湖畔，有一座面積僅 1 平方公里的圓形無名小島，被當地人稱為「火炬島」。「火炬」的意思並不是人類手執火炬，為世界帶來光明，或者是為海上航船指引方向，而是凡是踏上這個小島的人，會像火炬一樣全身無緣無故的著火，直至喪命，因此在這一帶一直流傳著一些關於此島駭人聽聞的故事。

在很久以前，有一個印第安王國沒落了，有一位美麗的公主帶了幾個女僕出海避難，並把王室龐大的財寶帶走以便將來捲土重來報復滅族之仇。她們來到了一座沒有人煙的無名荒島，過著原始的流亡生活，有兩個女僕密謀，要竊取公主的財寶，開船逃離孤島。可是密謀敗露，公主下令將那兩個女僕活活燒死，並當眾宣布：「這筆龐大的財富，只能用於復國報仇，誰也不得動用。」還向蒼天諸神立下誓言，誰要企圖盜竊這些財富，誰將像一把火炬那樣燃燒，被活活燒死、變成灰燼。不過公主一直沒有等到復國報仇的機會，那筆財寶就埋藏於荒島上。據說，從此以後凡是到此島對寶藏起貪念的人，蒼天諸神就會讓他貪婪的心膨脹、發熱、發燙，直至起火燃燒，最後整個人就像一把火炬般燃燒殆盡，而這就是火炬

島名字的由來。

西元 1650 年代，有幾位荷蘭人來到這裡，當地人再三叮嚀他們千萬不要去火炬島。有位叫馬斯連斯的人以為這些人在恐嚇他們，就和幾個同伴去了火炬島，尋找所謂印第安人埋藏的財寶。他們來到小島時，幾個同伴膽怯了，馬斯連斯決定獨自登上小島。正當幾個同伴打算離開時，看到一個「火人」從島上飛奔出來，一下子跳進湖裡。上前只見水中的馬斯連斯還在繼續燃燒，卻不敢跳下去救援，眼睜睜看他被活活燒死。

1984 年，伊爾福德教授組成一個考察組前往火炬島考察。他們都穿著特製的耐高溫服裝，上島後未發現異常。在考察即將結束時，同行的萊克夫人突然感覺到心臟發熱、腹部燃燒。從外觀來看耐高溫的衣服完好無缺，萊克夫人卻化為灰燼。此後，有 5 個考察隊相繼前往火炬島考察，每次都有人喪生。

隨著科學的進步，人們又討論起火炬島上莫名其妙的火焰。不少人以科學理論做出各種假設和推測，有兩種解釋比較符合實際。

一種解釋是：火炬島上有一種特殊的植物，在新陳代謝的過程中會排出甲烷之類的可燃性氣體，或是一些動物排放出可燃性氣體，例如屁。這些可燃性氣體瀰漫在島上茂盛的灌木叢中，不容易穿過枝葉向外擴散，越聚越多，濃度隨之越來越高，只要有火種就能立即引發烈火。當探險者登上火炬島，走動時擾動了灌木叢，可燃性氣體與他們所帶的金屬器具相互碰撞，尤其是金屬挖掘工具與石塊的碰撞，甚至鞋釘與島上岩石的摩擦產生的火花，瞬間點燃高濃度的可燃性氣體。由於空氣中可燃性氣體的作用，火焰會從地面躍起來，首先是衣服著火，人也就變成了一把火炬。

另一種解釋是：火炬島的空氣及土壤中，存在一種特殊的細菌。當人

大量地吸入這種細菌，會與體內某些物質發生化學變化，而產生一種物質，達到一定程度後會導致人體的自燃。

可是這些都還是一個謎，並沒有確切的答案，如今，火炬島已是人跡罕至了，它依舊靜靜地坐落在帕爾斯奇湖畔，等待著人們去揭開它身上的神祕面紗 —— 這奇特的自然之謎到底因何而起？

第四章
歷史遺跡與人間仙境

馬丘比丘（古神廟）

馬丘比丘

馬丘比丘古廟位於一座非常美麗的高山上，海拔二千四百三十公尺，為熱帶叢林所包圍。該廟可能是印加帝國全盛時期最輝煌的城市建築，那巨大的城牆、臺階、扶手都好像是在懸崖絕壁自然形成的一樣。古廟矗立在安地斯山脈東邊的斜坡上，環繞著亞馬遜河上游的盆地，物產豐富。

出現於 15 世紀的馬丘比丘原為一個崇拜太陽並有著神祕的宗教儀式民族的居住地，女性人數遠遠超出男性。馬丘比丘意為「古老的山巔」，位於烏魯班巴河上方 457 公尺的祕魯境內的安地斯山上，它像個巨人，棲息在兩座山巒間馬鞍形的山脊上，因世人無法得知其原始的名字，故借其附近一座山脈之名稱之，而得此名。

耶魯大學的考古學家海勒姆‧賓厄姆三世 (Hiram Bingham III) 於 1911 年發現這一遙遠的古蹟，占地 2 公頃，他確信自己已成功找到維卡班巴 —— 盛傳的印加人最後的避難所。自從西班牙征服者從其首都庫斯科趕走了他們的印加帝王之後，他們在這裡倖存了 36 年。當時，賓厄姆被他們眼前見到的一切震懾了，他立即把最初的感覺記錄下來，他寫道：「我這才開始了解到，這裡的城牆和它周圍合成半圓形的廟宇，是世界上最美的石方工程，令我簡直不敢相信自己的眼睛！」這些工程很壯觀，這一點毫無疑問，但是賓厄姆當時對於馬丘比丘的真實名稱以及關於該地其他種種說法，如今看來，純屬推測而已。

這裡與其說是個城市，不如說是個宗教活動聚集地。它建成的年代尚是個未知數，不過很可能是建於 15 世紀末，印加帝國向外擴張勢力的鼎

盛時期。有人預估這裡至少居住 1,500 人，從挖掘出的頭骨判斷，女性人數與男性人數的比例為 10 比 1，這一點支持了下述的推測：這裡曾是個宗教祭奠活動的場所，這裡的人們崇拜太陽，因為女人被視為太陽的貞女。

還有另一個跡象可以推測出馬丘比丘的人們崇敬太陽，就是有一座建築為「拴住太陽」的地方。這是個奇妙的石頭結構，似乎是個複雜的天文裝置，當其他建築都成為殘壁廢墟時，唯獨它倖存至今。猜測這是用來計算一些重要日期的建物，如夏至、冬至等。傳聞它的名字與一種慶典有關，據稱在冬至那一天，太陽被拴在這裡。而且在太陽塔上，似曾有過對太陽系的觀察與研究。太陽塔是個馬蹄形的建築，有一扇朝向東方的窗戶很特殊，在冬至那一天，它可以「抓住」太陽的光線。再者，稱為「三窗寺」的地方，有三扇排成一直線的窗戶，以及屋子中央那一塊筆直的長方形的石塊，這些顯然都有著特殊意義，每當夏至或冬至，印加人會在此舉行太陽節的慶典活動。

馬丘比丘處處是花園、通道、宏偉的建築與宮殿，遺跡顯示出溝渠、水池、浴池，以及曾經種植玉米、花生和其他蔬菜。高低不一的花園和道路以石階相連。從西班牙入侵時期開始，這些古蹟就是一個謎，而且一直被莫名其妙地忽略了，有說法是因為印加部落間的內戰，玷汙了這裡美麗的聖潔。

海勒姆·賓厄姆三世評價馬丘比丘的磚石建築是令人難以置信的奇觀，能把巨大的花崗岩石塊砌在一起，卻又不使用砂漿，這簡直是個奇蹟。各種不同形狀的石塊，亦如此巧妙而又精確地相互拼合起來，成為一體，難以覺察到石塊間的接縫，看著築起的石牆，好像本身只是一大塊石頭，在遠古時期的古蹟上看到如此超凡的技巧，真是太不可思議了！當賓厄姆來到這裡時，這座被遺棄數百年之久，又被森林蠶食了的古城，已是

滿目瘡痍，唯獨其石磚建築結構僅有少數地方遭到毀壞，的確令人感到意外。

有人斷言印加人不可能在沒有鐵製工具、沒有牲畜、沒有輪軸知識的年代裡，建造出如此絕妙的磚石建築。他們確是極具智慧的民族，即使如此，若沒有用來進行切割與運輸整塊巨石的工具，絕不可能建造出馬丘比丘。鑒於這一點，便開始傳出了外星人光臨、上天之靈的創造等等妙說。另一個更簡潔的說法，則把這一切歸功於印加帝國的祖先。雖然人們迄今無法斷定馬丘比丘是如何建造而成的，但是它的存在，總使人們饒有興味地想探知更多，關於創造這一偉跡的那些神祕而又充滿智慧的先祖的一切。

彩雲之南十大勾魂攝魄仙境 ——————

1. 梅里雪山：世界上最美的雪山之一，她的美是神聖、不可侵犯的，常年雲霧繚繞，非常難得能見到她的真面目。

2. 沾益海峰溼地：地處偏僻、人煙稀少，這裡有著肥美的水草、成群的候鳥，一座座峰林壯麗的石山點綴其間。

3. 元陽梯田：勤勞的哈尼民族把這裡的山變成了一幅幅水墨畫，這裡的景色會隨著飄忽的雲霧時刻變換，蔚為壯觀。

4. 羅平萬畝油菜花：每到陽春三月，金燦燦的油菜花滿山遍野，這是花的海洋。

5. 東川紅土地：這裡的土特別的紅，隨著季節栽種不同的農作物，都會有著不同的美景，紅紅綠綠，遠遠看去，會以為身在畫中行。

6. 元謀土林：這是一個有著美國西部地理風貌的地方，經過上萬年的自然造化，形成這詭異迷離的地質地貌，這些高聳的沙柱可謂鬼斧神工、渾然天成。

7. 碩都湖：這不僅僅是一個湖，她是眾神飲水的地方，她有著迷人的晨霧、清澈的湖水，她被蓊鬱的山林包圍其中，這是一個童話般的世界。

8. 香格里拉：這就是傳說中的香格里拉，風韻迷人，遼闊的草原、靜靜的藍天，悠閒低頭吃草的牛、羊，你會以為來到了夢中的天堂。

9. 寧蒗瀘沽湖：她靜謐且神祕，處於群山的包圍之中，岸邊生活著具有古老走婚習俗的摩梭民族。

10. 金沙江第一灣：奔騰不息的江水流到這裡需要喘息，繞過一個大彎之後才向著遠方前行。感謝蒼天，這是大自然締造的聖景。

世界邊緣的六大神祕古蹟 ————————

拉帕 —— 努伊國家公園

　　1995 年被認定為世界遺產，距智利海岸 3,800 海里的南太平洋上，這個孤島面積約 180 平方公里。西元 1722 年復活節這天，荷蘭航海探險家雅可布‧羅赫芬（Jacob Roggeveen）登上該島，因此將其命名為「復活節島」。推測 10 至 16 世紀島上的土著民以祭神為目的所雕刻的人面巨石像高 2 至 10 公尺、重 40 至 80 噸、總共約 1,000 座。這些戴著紅帽子的摩艾石像，眼睛不知道為什麼皆被人挖掉，富有神祕氣息。失去眼睛的摩艾

靜靜地聳立在島上，仰視天空，像是在默默述說著一個遙遠的故事，給後人留下無限的遐想。

希臘梅特歐拉

　　希臘中部地區有一處奇特的景觀，數十座 20 至 400 公尺高低不等的柱形垂直岩石群拔地而起，建造在陡峭岩石頂上的 24 座修道院彷彿懸浮在空中。虔誠的修道士們在此過著與世隔絕、戒律嚴格的修行生活，直到 20 世紀初修道院還是靠繩梯和吊車與外界相通。這些修道院是 14 至 16 世紀為避免戰亂和抵禦土耳其人對基督教的迫害而建造的，目前仍有 6 座修道院尚在使用。

埃夫伯里巨石遺址

　　英格蘭南部索爾茲伯里平原上的這座環形排列巨石遺址，直徑約為 100 公尺，據考證是新石器時代的建築物，有 5,000 年的歷史。四層同心圓的石圈中央的祭奠石和旁邊被稱為腳跟（heel-stone）石的玄武石，在每年夏至這一天，兩個石頭與地平線彼岸升起的太陽連成一線這個建造物的目的是什麼還存有眾多的猜測，亦或是崇拜太陽的神殿、亦或是天文臺、亦或是與宇宙聯絡的通訊點等等，至今仍是個千古之謎。

聖米歇爾山及其海灣

　　1979 年被認定為世界遺產，位於諾曼第地區一個小島上的教堂，高出海面 150 公尺，退潮時小島則變成與陸地相連的山丘。教堂的誕生有段神奇的傳說，8 世紀初主教聖奧貝爾（Aubert）按照夢中大天使米迦勒的授意

在山丘上修建了這座教堂。奇特的是完工後不久，山丘被海水淹沒，形成今日可見的海中浮島。11 世紀起對教堂進行擴建，逐漸新添羅馬式、哥德式、文藝復興式等風格各異的建築。

賈恩茨考斯韋海岸

1986 年被認定為世界遺產，位於北愛爾蘭貝爾法斯特西北約 80 公里處大西洋的賈恩茨考斯韋海岸 110 公尺的斷崖上，可見無數石柱突起。總長 8 公里的海岸線上呈正六角形，共計 4 萬根的石柱由陸地向海裡綿綿延伸。其景觀很像巨人所造，故有「巨人堤道」之美稱，是 6,000 萬年前太古時代火山噴發後，熔岩冷卻凝固而形成的。如此排列有序的石柱，不禁讓人懷疑不是天然雕琢，而是人工有意堆積而成的。

拉利貝拉岩石教堂

傳說 12 世紀衣索比亞第七代國王拉利貝拉夢中得神諭：「在衣索比亞造一座新的耶路撒冷城，並要求用一整塊岩石建造教堂。」於是拉利貝拉按照神諭在衣索比亞北部海拔 2,600 公尺的岩石高原上，動用 2 萬名工人，花了 24 年的時間鑿出 11 座岩石教堂，人們將這裡稱為拉利貝拉。從此，拉利貝拉成為衣索比亞人的聖地。至今，每年 1 月 7 日衣索比亞聖誕節，信徒們都會聚集於此。

維多利亞瀑布 ——————————————————

維多利亞瀑布

　　維多利亞瀑布又稱為莫西奧圖尼亞瀑布，是世界上最壯觀的瀑布之一。位於贊比西河上，寬度超過兩公里，瀑布奔入玄武岩海峽，飛濺的水花、雷鳴般的水聲，水霧形成的彩虹在二十公里以外就能看到。

　　西非也以有漂亮的瀑布為豪，在上沃爾特的塔格巴拉道古瀑布是三個分開的瀑布，包括一道流過堅硬山脊的長長水簾，和一縷細長的水柱。貝南景色如畫的坦諾古瀑布從高原傾瀉而下，流入巨大的水塘。幾內亞的廷基索河從一系列湍流中的抗侵蝕的岩石間翻滾而過，止於廷基索瀑布處。當贊比西河河水充盈時，每秒 7,500 立方公尺的水洶湧越過維多利亞瀑布，水量如此之大，且沖刷力如此之強，以至引起水花飛濺，遠達 40 公里外均可以看到。維多利亞瀑布在當地名字被稱為「Mosi-oa-tunra」，可譯為「轟轟作響的煙霧」。彩虹經常在飛濺的水花中閃爍，能高達 305 公尺的高度。

　　西元 1855 年 11 月，蘇格蘭傳教士和探險家大衛・李文斯頓（David Livingstone）成為第一個到達維多利亞瀑布的歐洲人。他初次聽到關於瀑布的事是在四年之前，當時他和威廉姆・科頓・奧斯威爾抵達贊比西河岸以西 129 公里處。在西元 1853 年與 1856 年之間，李文斯頓與一批歐洲人首次橫越非洲。李文斯頓希望非洲中部能開放基督教傳教士們進入，從非洲南部向北旅行經過貝專納（現在的波札那），到達贊比西河。然後，他向西到安哥拉的羅安達沿海。考量這條路線進入內陸太困難，他又調頭往東前進，大致沿著贊比西河前行，西元 1856 年 5 月到達莫三比克沿海的

克利馬內。奇怪的是，探險家們並沒有因發現維多利亞瀑布而興高采烈，儘管他後來對此事有「如此動人的景色一定會被飛行中的天使所注意」這樣的描述。對李文斯頓而言，這瀑布實質上就是一座長 1,676 公尺、下沖 107 公尺的水牆，也是基督教傳教士們無法到達內陸土著村落的障礙。

對他而言，旅行的重點是發現瀑布以東的巴托卡高原。如果贊比西河被證實是可全線通航的話（它不能通航），在他看來，這一地方可作為潛在的居民點。儘管他以感覺有所「進展」的方式表達對發現瀑布的失望，但李文斯頓還是讚美瀑布是如此壯觀，以致只能以英國女皇維多利亞的名字命名。

瀑布只是一條壯觀的河道的起點，因為水霧繚繞的河流在其通過一窄狹的峽谷途中立刻變得波濤洶湧。峽谷來回曲折 72 公里，這些急轉彎是由岩石的斷層引起的，幾千年來，岩石一直受到水力的侵蝕。贊比西河逶迤穿過由一層層的砂岩和玄武岩構成的高原，而斷層形成的地方正是這些不同岩石的交會點。奧蘭治河在闢通花崗岩峽谷之前，在奧拉皮斯瀑布處躍過高原邊緣，瀑布下沖 146 公尺。花崗岩是最堅硬的岩石之一，很難想像能任憑這水力能侵蝕出這樣的峽谷。乾季的奧蘭治河並不比溪流大多少，但是，春雨引起河水暴漲。該瀑布被稱為奧拉皮斯，這是一個源自霍頓督語的專門名詞，意為「有巨響的地方」，非常貼切。

儘管扎伊爾的洛福伊瀑布有 335 公尺的落差，任何時候都能給人深刻的印象，但它也隨季節而變化。非洲以有圖蓋拉瀑布而自豪，它是非洲最高的瀑布。實際上它是由 5 個小瀑布組成的瀑布系列，河水陡降 945 公尺，令人不禁讚嘆大自然的力量。賴索托的馬萊楚尼亞內瀑布在冬季結冰，外形怪異的冰柱唯有寧靜方能相配。

耶路撒冷古城及城牆 ————————————

耶路撒冷古城

　　耶路撒冷作為猶太教、基督教和伊斯蘭教三種宗教的聖地，大量吸引這三個宗教的信徒前往朝聖，具有極高的象徵意義，被視為聖城。在它的220個歷史建築物中，有著名的岩石圓頂寺，建於7世紀，外牆裝飾許多美麗的幾何圖案和植物圖案。三大宗教都認為耶路撒冷是亞伯拉罕的殉難地，哭牆分隔出代表三種不同宗教的部分，聖墓大堂庇護著耶穌的墓地。

　　猶太人從「托拉」（希臘語「五經」一詞的希伯來語譯文，指《舊約》之首五卷）獲悉，先知們預言的彌賽亞終將出現在錫安山（昔日一度被稱為「大衛城」的耶路撒冷的七塊高地之一）上，那時候，所有民族都將融合為一。為了盡可能實現這一預言，世界各地虔誠的猶太教徒都夢想著死後能安葬在這一聖山旁的墓地裡。經文中寫得很清楚，直到那時，猶太人都應當仍然是「一個神聖的國家，一個祭司的民族」，而不與其他國家融合為一。這是建立一個既為世俗王國，又為宗教王國的以色列國家，其「永恆的」首都均為耶路撒冷的理由之一。

　　基督教徒引證的是《新約·啟示錄》，並相信人間的耶路撒冷終將變為天堂。除了十一、二世紀，在十字軍攻陷耶路撒冷之後建起的短暫的「耶路撒冷王國」之外，基督教徒從不考慮該城的政治地位。他們崇敬耶路撒冷，僅僅是由於它視基督教誕生過程的重要地點，以及與此相關的回憶。在耶路撒冷，上帝之子耶穌基督托胎人形來拯救世界，經歷了他人間生活最痛苦也最壯麗的時刻，尤其是被釘死於十字架和死後的復活。

　　根據穆斯林的傳統，信徒們則期待穆罕默德在聖殿廣場上降臨，去會

見易卜拉欣、穆薩和耶穌，並身為末日審判和死後復活的預言者與他們一起祈禱。不過，對穆斯林來說，耶路撒冷的意義還不只這些。作為穆罕默德那次騎著牝馬被帶往天國的神祕夜行的目的地，乃是僅次於麥加和麥迪那的伊斯蘭教的第三大聖地。鑒於此事，《古蘭經》當中亦有記載，因此被視為絕對真理：「讚美真主，超絕萬物，他在一夜之間，使他的僕人，從禁寺行到遠寺，他在遠寺的四周降福，以便我昭示他我的一部跡象。」

　　一年四季都有成千上萬屬於這三大一神教的虔誠朝聖者，如潮水般湧向耶路撒冷，把這座聖城變成一幅色彩斑斕、匯聚了各色人種的油畫作品。實際上，主要聖地都集中在舊城一個由四公里城牆圍起來的區域內，並不是個寬敞的地方。舊城（東耶路撒冷）有四個區（猶太人區、穆斯林區、基督教徒區和亞美尼亞人區），在以色列國建立並發生第一次以阿戰爭的 1948 年到 1967 年六日戰爭被以色列占領這段時間裡，由約旦人統治。自 1967 年約旦投降以後，則由以色列人統管朝聖過程。

1. 哭牆

　　聖殿山是猶太教徒最重要的一處聖地，西元前 37 年，希律一世（大帝）（Herod I）在由所羅門建造的第一聖殿的廢墟上，重建保護至聖所的著名的大殿。希律聖殿被古羅馬提圖斯軍團毀於西元 70 年，其遺蹟僅為一段 12 公尺高的基礎牆，以「哭牆」聞名於世，後以色列人發誓絕不廢棄「哭牆」。

　　1967 年後，「哭牆」所在的破敗街區被拆除，成了一片寬闊的鋪砌廣場。虔誠的猶太教徒熱切希望能重建這一聖殿，但那是不可能的，因為這代表要拆除後來在遺址上建起的穆斯林聖所，在聖殿地基附近還建有一座猶太教堂和一座拉比學館。

2. 莊嚴的聖地

　　一度曾被猶太教聖殿占用的這塊高聳的臺地，而今已成為穆斯林的「莊嚴的聖地」。西元 636 年，耶路撒冷被哈里發歐麥爾（Umar ibn Al-Khaṭṭāb）攻占，他的繼承人之一阿卜杜勒－麥立克（Abd al-Malik）在那遺址上建起了一座八角形的清真寺，以遮蓋被認為是呈現在先知穆罕默德夢境中的那塊岩石，這也就是該建築物之所以叫「岩石圓頂寺」的原因。誠如法國作家弗朗索瓦－勒內・德・夏多布里昂（François-René de Chateaubriand）（François-René de Chateaubriand）在他的《巴黎到耶路撒冷紀行》（*Itinéraire de Paris à Jérusalem*）中所記述，允許穆斯林登上這塊臺地，如果說 19 世紀的法國旅行家皮耶・羅逖（Pierre Loti）曾擁有在「岩石圓頂寺」下散步的特權，那是因為他獲得了耶路撒冷帕夏的特許。

　　現今「岩石圓頂寺」已全面開放參觀，除了星期五穆斯林會眾的特殊祈禱日，以及伊斯蘭教的各重大節日（紀念先知穆罕默德誕辰的「聖紀」、表示齋月結束的「開齋節」）。不過，「岩石圓頂寺」並不舉行集會，集會地點在附近的阿克薩清真寺，後者大致也建於同一時期。

　　阿克薩清真寺吸引越來越多的來自東方各國的信徒。他們與清晨從約旦河西岸和加沙地帶邊遠小村乘車而來的巴勒斯坦人混雜在一起。早晨的氣氛都相當輕鬆，但到星期五就緊張了，因為以色列士兵嚴加看守「莊嚴的聖地」的入口，許多信徒因為有叛亂的嫌疑，或是因為人數太多而被禁止入內，被拒之於門外的人們只能擠在附近的街道上祈禱。

3. 聖墓

　　基督教朝聖者在基督教各主要節日期間湧入耶路撒冷，其中復活節當日的朝聖人數最多。他們首要的目標是聖墓大堂。由君士坦丁大帝（Constantine the Great）的母親聖海倫納（Saint Helen）開始興建的這座龐大、陰暗的建築，蓋在髑髏地即基督被釘死於十字架的小山上，五十步外即是基督墓地，三天之後他又在這裡升天。夏多布里昂記述道，這座大堂「由幾座建在高低不等的地基上的教堂組成，用許多燈照明，顯得特別神祕。陰暗是那裡的主調，能保持心靈的虔誠並進行反省」。

　　幾百年來，不同教派都爭相守護這些基督教的聖地。由於無法達成協議，只好擬定占有時間與空間的規畫，方濟各會的「聖地守護人」，與希臘和俄羅斯的高級主教們、埃及及衣索比亞來的科普特人和阿比西尼亞的修士們、黎巴嫩來的馬龍派教徒和麥爾基派教徒、敘利亞和伊拉克來的亞美尼亞教會和聶斯托利教派的主教們之間，都曾有過交涉。除了形形色色的基督教教派外，更有英語世界的諸基督教派，其中包括摩門教、英國聖公會及其他新教，儘管他們並無權利占據這些聖地，但也各占著一份歷史、文化和禮拜儀式方面的遺產，所以都有保護的意味，唯恐有失。

苦路祈禱

　　即穿過狹窄街道，而街上商店依然開門營業的復活節儀式（「苦難的歷程」），經常是在一種無以名狀的混亂中進行的。越來越多的基督教朝聖者寧可選擇在非旺季來拜訪耶路撒冷，不需要經歷人山人海的推擠，他們更可以充分享受他們彌足珍貴的聖地的寧靜。

信仰之路

　　為了讚頌耶路撒冷這一跨國家、跨文化和跨宗教的重要城市的地位，並使該城成為各族間和平與相互尊重的中心，1991年聯合國教科文組織推

出了一個「信仰之路」計畫，作為「世界文化發展十年」計畫的一部分。這個計畫為以色列和阿拉伯國家間的和平對話獲得了新的意義，教科文組織跨文化專案處主任杜杜·迪耶納先生指出，透過重新定義這三個一神教之間過去盤根錯節的關係，可能有助於促進和平。

東海岸溫帶和亞熱帶森林 ——————

　　包括若干保護區的這個景點坐落在澳洲東海岸最顯著的斜坡處，著名的地質學景觀環繞著火山口防護罩展現在人們面前，在這裡還可以觀賞到大量的瀕臨絕跡的多種雨林，而這些景觀對世界科學研究和自然保護都具有重大意義。

亞熱帶森林

　　儘管澳洲只有 0.3％ 的面積是熱帶雨林區，這些地區裡保存著澳洲大約一半的植物種群和三分之一的哺乳動物與鳥類物種。

　　這個地區之所以被列入世界遺產名錄，是因為這裡具有十分顯著的生物多樣性並有大量的稀有生物。中東部雨林保護區有很高的保護價值，這裡是大約 200 種稀有甚至瀕危動植物的理想棲息地。這個公園或者說保護區包含了五種目前可以劃分的主要雨林類別，這裡還包括新南威爾斯州的一些從未受人類侵害的原始森林，同時，這裡還有大片保留下來的重新形成的雨林，以上特點使這個保護區得以列入世界遺產名錄。

　　中東部雨林保護區包括了五十多座列入世界遺產名錄的國家公園，植物保護區與自然保護區在一系列被破壞的雨林地帶延伸了五百多公里，從

昆士蘭州的布納，這裡緊鄰著新南威爾斯州的南部邊界，一直到新南威爾斯獵區內，這裡在雪梨北方不到 300 公里。中東部雨林保護區面積共達 366,507 公頃，其中有 59,223 公頃在昆士蘭州境內，307,284 公頃在新南威爾斯州境內。

中東部雨林保護區的前身被稱作「澳洲東海岸溫帶與亞熱帶雨林公園」，澳洲東海岸溫帶與亞熱帶雨林公園內的十六個保護景點中，包括了 203,000 多公頃的國家公園和植物與自然保護區。

1985 年，澳洲聯邦政府正式向聯合國教科文組織遞交了提名書，要求該組織將新南威爾斯地區的溫帶與亞熱帶雨林列入世界遺產名錄。經過世界自然保護協會的全面評估，澳洲政府遞交的提名書被聯合國教科文組織受理，1986 年 11 月聯合國教科文組織認可提名書中大部分內容，決定將「澳洲東海岸溫帶與亞熱帶雨林公園」列入世界遺產名錄。

到 1997 年，新南威爾斯州政府已經完成了將大部分列入世界遺產名錄的景點從政府森林改變成國家公園的任務，所有的這些包含有溫帶與亞熱帶雨林地區的國家公園或保護區都被重新命名，統稱為「澳洲中東部雨林保護區」，統一列入世界遺產名錄。

北京頤和園

頤和園

頤和園坐落於北京西郊，是中國古典園林之首，頤和園是世界上最廣闊的皇家園林之一，總面積約 290 公頃。

　　北京西郊的西山腳下海淀一帶，泉澤遍野，群峰疊翠，山光水色，風景如畫。從西元 11 世紀起，這裡就開始營建皇家園林，到 800 年後清朝結束時，園林總面積達到了 1,000 多公頃，如此大面積的皇家園林世所罕見。

　　這個由慈禧太后挪用海軍經費建造的園子，由萬壽山和昆明湖組成，環繞山、湖間是一組組精美的建築物，全園分三個區域：以仁壽殿為中心的政治活動區；以玉瀾堂、樂壽堂為主體的帝后生活區；以萬壽山和昆明湖組成的風景遊覽區。全園以西山群峰為借景，加之建築群與園內山湖形勢融為一體，使景色變幻無窮。

　　萬壽山前山的建築群是全園的精華之處，41 公尺高的佛香閣是頤和園的象徵。以排雲殿為中心的一組宮殿式建築群，是當年慈禧太后過生日接受祝賀的地方。萬壽山下昆明湖畔，共有 273 間、全長 728 公尺的長廊將勤政區、生活區、遊覽區聯為一體。長廊以精美的繪畫著稱，計有 546 幅西湖勝景和 8 千多幅人物故事、山水花鳥，1992 年以「世界上最長的長廊」列入金氏世界紀錄。

　　頤和園大約有四大景區。最東邊是東宮門區，這一帶原為清朝皇帝從事政治活動和生活起居之所，包括朝會大臣的仁壽殿和南北朝房、寢宮、大戲臺、庭院等。玉瀾堂是光緒皇帝的寢宮，後來又成為囚禁他的地方，現在還能看到當時修築的封閉通道的高牆。

　　中間高聳的萬壽山前山景區，建築最多，也最華麗。整個景區由兩條垂直對襯的軸線統領，東西軸線就是著名的長廊，南北軸線從長廊中部起，依次為排雲門、排雲殿、德輝殿、佛香閣等。佛香閣是全園的中心，周圍建築對稱分布其間，形成眾星捧月之勢，氣派相當宏偉。

　　最北部的後山後湖景區，儘管建築較少，但林木蔥籠，山路曲折，優雅恬靜的風格和前山的華麗形成鮮明對比。西藏建築和江南水鄉特色的蘇州街，布局緊湊，各有妙趣。

　　頤和園的水面占全園面積的四分之三，特別是南部的前湖區，煙波淼淼，西望群山起伏、北望樓閣成群；湖中有一道西堤，堤上桃柳成行，6座不同形式的拱橋掩映其中；湖中3島上也有形式各異的古典建築；十七孔橋橫臥湖上，既是通往湖中的道路，又是一處叫人過目不忘的景點，造型十分優美。

　　頤和園集中了中國古典建築的精華，容納了不同地區的園林風格，堪稱園林建築博物館。

　　頤和園中的主體建築是萬壽山上的佛香閣。佛香閣建築在高 21 公尺的方形臺基上；閣高 40 公尺，有 8 個面、3 層樓、4 重屋簷；閣內有 8 根巨大鐵梨木擎天柱，結構相當複雜，為古典建築精品。

　　迴廊和角亭建築是園林的常用形式。頤和園的長廊長約 728 公尺，為世界長廊之最。廊上繪有圖畫 14,000 餘幅，均為傳統故事或花鳥魚蟲。昆明湖東岸的 8 角重簷廊如亭，也是中國最大的。此外，萬壽山頂的無梁殿，全用磚石砌成拱頂，沒有一根支撐物，技術水準極高。

　　頤和園展現出的鑄造雕刻技術也是一流水準，如昆明湖東岸的巨大鎮水鐵牛，形態逼真，背上還鑄有銘文；湖北岸的巨大石舫，雕梁畫棟，精彩無比。

　　頤和園的建築風格吸收了中國各地建築的精華。東部的宮殿區和內廷區，是典型的北方四合院風格，一個一個的封閉院落由遊廊聯通；南部的湖泊區是典型杭州西湖風格，一道「蘇堤」把湖泊一分為二，具有濃厚的

江南格調；萬壽山的北面，是典型的西藏喇嘛廟宇風格，有白塔，有碉堡式建築；北部的蘇州街，店鋪林立，水道縱通，又是典型的水鄉風格。

基里瓜考古公園及遺址

基里瓜考古公園

　　卡克・蒂利烏・錢・約帕特（K'ak' Tiliw Chan Yopaat）的都城自 2 世紀起就有人居住，城內擁有 8 世紀的許多建築傑作，以及刻有花紋的石柱和石刻的工法，使人印象深刻，這些為研究馬雅文明的原始資料。

　　這一考古地點是古典時期早期的前馬雅人首都，可以如此篤定的推斷，原因來自從西元 5 世紀留傳下來的兩塊頗有紀念意義的石頭。馬雅人最初受制於與之毗鄰的古潘國，古潘位於宏都拉斯境內，也是世界文化遺址之一。西元 737 年，馬雅國王殺死了古潘國王，馬雅人從此獲得獨立，這便是長達一個世紀的馬雅輝煌時期的開始，其輝煌歷史的最後紀錄出現在建於西元 810 年的一座建築物上。

　　從審美學的角度看，這一遺址的價值在於其精湛的雕刻藝術，堪稱中美洲遠古時期的極品。遺址內有 12 個巨幅雕刻和 13 個紀念碑。這些用砂石而不是用金屬器具直接雕刻而成的紀念碑，顯現馬雅人具有傑出的審美觀念和藝術技能。

　　主要建築群包括通向南部的雅典衛城和通向北部的大廣場，其周圍有許許多多的紀念碑。與其他馬雅遺址不同的是，這些紀念碑與祭壇並無關係。成形於西元 711 年、寬度為 10.66 公尺的 F 紀念碑，是馬雅人最大的

紀念碑。在這些紀念碑上雕刻著國王，雕像挺直地站著，目光前視，頭戴鑲嵌羽毛的頭盔。

12 個巨幅雕刻寬達 4 公尺，這些石碑保留了岩石的原始形狀，上面刻有雙頭怪物，怪物的口中現出了馬雅國王。

基里瓜的石刻紀念物上還刻有迄今未被解讀出來的象形文字，推測其內容涉及社會、政治和歷史事件，根據這些內容，可大致勾勒出馬雅人的生活、文化和歷史。尤其是 F 和 D 紀念碑，其形態的高雅和象形文字的清晰，在諸石中顯得尤為突出。

如今，基里瓜考古公園已經對外開放，為了防止熱帶氣候的無情侵蝕，特別做了保護碑面的措施。基里瓜境內的馬雅殖民地位於埃爾 —— 蒙特瓜大山谷底部，每天吸引著來自世界各地的參觀者，其精湛的雕刻藝術令人們嘆為觀止，這無疑是馬雅人最原始和最美妙的藝術世界。

巴塔考古遺址

巴塔是一個史前的遺址，靠近阿曼蘇丹國的一片棕樹林，並和周圍的遺址一起，共同組成了西元前三千年時最完整的村落和墓地的遺蹟。

巴塔遺址位於巴塔村莊附近，距離伊卜里 30 公里。這處遺址可以追溯到西元前第三個百萬年，當時，這裡是美索不達米亞地區重要的石頭和青銅產地。其中，特別是一些墳墓的保存程度驚人的完好，說明這裡有助於人類了解阿拉伯半島的早期文化，為一重要且具代表性的遺址。

這處遺址可以劃分為三個獨立的考古地帶：第一部分恰好位於巴塔村以北，這裡有一處民宅和公共墓地的遺址，這座民宅是由 5 個由石頭砌成

的塔樓和一系列呈矩形的房子組成的。公共墓地遺址處又劃分為兩個部分，即散布於岩石林立的山坡上的石墓和密密麻麻彙集於一起的呈「蜂窩狀」分布的石墓；第二部分是坐落於巴塔以西 2 公里處的阿爾庫姆城堡；而在巴塔東南 21 公里的地方，位於艾因的一群「蜂窩式」的墳墓則構成了第三部分遺址的景觀。

佩特拉

　　它的歷史可以追溯到史前時代，是納巴泰人沙漠商隊建立的城市，也是阿拉伯、埃及、敘利亞腓尼基之間的交通要塞。佩特拉一半突出，一半鑲嵌在環形山的岩石裡，到處是小路和峽谷，是世界上最著名的考古遺址，古希臘建築與古代東方傳統在這裡交會相融。

　　佩特拉約建於西元前 300 年。從佩特拉中部出發經半小時的山路便到達代爾，有人稱這為修道院，也有人稱之為廟宇。

　　這是又一座類似於寶庫的在岩石中建成的巨型建築──高 40 公尺，寬 46 公尺。入口高達 8 公尺，任何站在裡面的人都顯得極其渺小。進入其中後有一巨室，石階盡頭是一壁龕，其中或許存放過一位神的塑像。持某種觀點的人認為，代爾是重要的進行宗教慶祝活動的場所。前面的空地是專門容納前來朝拜的眾多人群的。提到佩特拉，很可能有人會脫口說出一名很熟悉的名言：「一座玫瑰紅的城市，其歷史有人類歷史的一半。」這是 19 世紀的一個英國詩人 J・W・柏根一首詩裡的一句。幾年之後，當柏根去該地參觀後，他不得不承認當初所做出的此番描述是不確切的，佩特拉並非是玫瑰紅色的，它甚至不能稱為一座城市，更像一座紀念碑似的公墓──這裡的房屋可能是泥製的，現在已不復存在。

　　這裡有許多無法解答的問題，神祕的氣氛使得這原本就很特別的地方更具吸引力。西元前 6 世紀，一個稱作納巴泰的游牧部落控制了約旦阿拉伯乾河（意為一年中某段時間內河水氾濫的溝壑）的東部，亞喀巴與死海間的一片長峽谷區域。由於控制了重要的貿易通道，納巴泰人變得強大而富有，佩特拉是他們的遺產。這處的墓碑群曾被當作是房屋，現在人們意識到這是些墳墓，開鑿於海拔 914 公尺的難以到達的岩石中。有的圖案細緻典雅；有的是納巴泰特色的「階梯式」山牆壓頂裝飾，展現了埃及和亞述建築的風格。整個建築重點放在正面，內部則是毫無裝飾的巨室。

　　西元 106 年，佩特拉成為羅馬帝國的一部分，擁有廣場、公共浴室、劇場等古羅馬文化常有的建築。隨著古城帕米拉沒落，幾百年中，佩特拉只為當地部落的居民所知。

　　西元 1812 年，佩特拉被當時一個名叫伯克哈特（Johann Ludwig Burckhardt）的瑞士探險者重新發現，他能說一口流利的阿拉伯語，打扮得像一名穆斯林。他說服當地一位嚮導，表示希望能在一座墓前敬獻一隻山羊。有人謠傳這座墓的附近有一座被埋沒的城市。那位嚮導帶著伯克哈特，沿著如今遊客到佩特拉的必經之路錫克 —— 一條深陷在岩石的狹窄的裂縫，來到一座令人難忘的建築物前，其正面寬 27 公尺，高 40 公尺。

　　這座建築就是「寶庫」，這一建築的設計風格與其說是納巴泰式，不如說是古典式。儘管如此，寶庫仍是佩特拉最著名的紀念碑。正面頂部的甕被認為曾是用來存放某位法老的財寶，以前許多的旅遊者曾嘗試用槍擊中這個甕以獲取其中的財寶。

　　山谷在寶庫的一邊展開，展現出眾多開鑿於岩石中的墳墓。這些墓由粉色的沙岩構成，也摻雜著很多其他顏色。有的碑上的雕刻暴露在風中，

受到侵蝕而無法辨認。有足夠的考古學方面的證據證實，早先的佩特拉既不是玫瑰紅，也不是類似鮭魚的粉紅色，而是灰泥粉飾，與今天看到的情況完全不同。另一方面，當人們沿著狹窄、隱蔽的錫克前進時，忽然間看見了陽光照射下的寶庫正面，這樣的景色在任何時代都能給人一種驚奇的感受。

高地另一段陡峭的山路通往阿塔夫山脊，在一片人造的高地上有兩方尖碑，山腰再往上一些已被夷為平地，約有 61 公尺長，18 公尺寬，這個高地被認為是用於舉行祭祀儀式的地方。高祭臺上是放祭品的地方，納巴泰人供奉兩個神：杜莎里斯和阿爾烏扎。這裡的祭臺有排水道。可能是用來排放血的，有跡象顯示，納巴泰人曾用人來進行祭祀。

第五章
難以破解的謎題

死亡谷之謎

死亡谷

　　山谷是美麗的，而死亡卻是一個聽起來會讓人感到恐懼的詞語，兩者碰撞到一起會怎麼樣呢？世界上真的有死亡谷嗎？為什麼被稱為死亡谷呢？

　　世界上確實存在一種山谷，能使人或猛獸頃刻之間喪生。目前已經發現的這類地段有俄羅斯的堪察加半島上的克羅諾基自然保護區、美國加州和內華達州、印尼爪哇島和義大利拿坡里和瓦維爾諾湖附近，以及中國四川峨眉山中的「死亡之谷」。

　　在俄羅斯勘察加半島克羅諾基山自然保護區被稱為「死亡谷」的地方，地勢坑坑窪窪，有不少天然生成的硫磺露在地面上，遍地都能夠見到黑熊、狼獾等野獸的屍骨，讓人毛骨悚然，也許是這個原因此地才被稱為死亡谷吧！

　　在美國的加州與內華達州連在一起的山中，也有一條非常大的死亡谷，長達 225 公里。有人記載，1949 年美國有一個勘查隊正在尋找金礦，中途迷失方向不小心到了這個地方，幾乎所有的隊員都死亡了。只有少數幾個人僥倖逃離，不過沒過多久也無緣無故的死去。陸續也有許多探險人員前往想解開謎團，但很多人都遭遇不幸。可是那裡卻繁衍著許多種鳥類、蛇、蜥蜴和野驢等動物，讓人毫無頭緒。

　　在印尼爪哇島上有個更加神奇的死亡谷，據說在谷中一共有六個大山洞，如果有人或動物從這些洞口前經過，就會有一種神奇的吸力把人和動

物吸入洞內，無法逃脫。所以山洞裡堆滿了許多猛獸和人類的屍骨，成為名符其實的死亡谷。

在義大利拿坡里和瓦維爾諾湖的不遠處也有一個死亡谷。這個死亡谷與其他地方的死亡谷完全不一樣，它只會傷害飛禽走獸，對於人的生命不曾產生威脅。有相關人員調查，每年在此處死於非命的動物不計其數。

被中國稱為死亡之谷的地方在四川的峨眉山中，又被稱為「黑竹溝」。因為黑竹溝內還有很多沒有解開的「謎」，所以當地人民把黑竹溝稱為「魔鬼三角洲」。

為什麼被稱為死亡之谷？起源於一些神祕的歷史事件。當地人流傳，在 1950 年代時，有一位將軍帶領 30 多人進入這個山溝之後就不見蹤影，除此之外也有許多軍人失蹤於此，即便找到也僅剩屍骨。黑竹溝又被稱為中國的百慕達，這或許就是它被稱為死亡之谷的一個原因吧！

對於死亡谷之謎到現在還無法給出明確的答案和解釋，不過相信隨著我們的不斷探索，有一天會破解開它。

峨眉山佛光之謎

峨眉山

在被稱為風景秀麗的峨眉山，千百年以來一直蒙著一層神祕的面紗，它的主峰金頂一帶偶爾出現的「佛光」，更為其增加神祕和靈異之感。很多人都不理解為什麼會出現佛光、佛光是怎樣形成的，不少的論說讓佛光更添神祕，有一說為佛光是菩薩顯靈，正不正確呢？佛光是怎麼回事呢？

　　佛光，是峨眉山上舉世聞名的日出、雲海、佛光和聖燈四大奇觀之一，這種現象在其他地方幾乎都沒有出現過，不過在峨眉山一年平均會出現 60 多次，有的時候一年甚至出現 80 多次，所以人們把它稱為「峨眉寶光」。千百年以來，「峨眉寶光」在中外都很有名，再加上佛教的渲染讓其更加富有傳奇的色彩和神祕感，吸引許多人試圖對神祕的「佛光」做出一種科學的解釋。

　　在歷史上，峨眉山的佛光很早就被記載。相傳東漢永平年間，有一個叫蒲公的人，在採藥時被一隻仙鹿指引登上了金頂，而後驚奇地發現佛光。後經一個和尚指引，了解到佛光就是「普賢祥瑞」，蒲公就在金頂建造了普光殿（也稱光相寺）供奉菩薩，開創了峨眉山佛教的歷史。

　　佛家的人認為，只有與佛有緣的人，才能夠看到此光，他們認為佛光是從佛的眉宇之間發出的救世之光、吉祥之光。清代康熙皇帝還特地題寫了「玉毫光」三個字，贈於佛光常現的金頂華藏寺內。

　　當然這些都是一種神化的說法，並沒有科學根據，也有一些氣象學家對此做出了研究，佛光是因為峨眉山特殊的地理環境造成的。峨眉山的金頂海拔 3,077 公尺，與千佛頂、萬佛頂三峰並峙，猶如筆架一般。三峰東臨懸崖，峭壁高達二千多公尺，這種獨特的地勢形成了峨眉山特有的「海底雲」。在峨眉山的「海底雲」當中，空氣中的溼度非常大，這就為太陽光線提供了充裕的「遊戲場所」。日光在傳播的過程中，會經過障礙物的邊緣或空隙間產生繞射（diffraction）的現象。雲層較厚的時候，雲層被日光透射後，會受到雲層深處的水滴或其他東西的反射。這種反射穿過雲霧表面的時候，會在微小的水滴邊緣產生繞射的現象，從而產生外面紫裡面紅的彩色光環，色帶的排列剛好與彩虹相反，所以不同的單色光就慢慢地擴散開來，形成一個彩色的光環。如果觀看者與太陽和光環剛好在一條直線

上，人影就會映於光環之內，人走動的時候影子也在動，於是就容易誤解以為是菩薩顯靈了。

使人起死回生的聖泉

聖泉

世界上到底有沒有聖泉的存在呢？它可以讓人起死回生嗎？這樣的泉水在什麼地方？它真的具有起死回生魔力嗎？這是我們一直都沒有答案的謎題。

對於聖泉，有許多具有神話色彩的傳說，把它塑造得更加神奇。據說法國庇里牛斯山脈有一個叫勞狄斯的小鎮，這個鎮上有一個岩洞，洞裡有一股長年累月不停流洞的清泉。傳說在西元 1858 年，一個名叫瑪麗·伯納·索納拉斯的小女孩正在岩洞內玩耍。忽然，聖母瑪利亞顯現在她面前，並且告訴她洞後面有一眼泉水，可以治百病，說完就消失了。

據說有一個名叫維托利奧·密查利的義大利青年，患了一種非常罕見的癌症。經 X 光透視發現，他的左腿只有一些軟組織和骨盆相連，看不到一點點骨頭成分，醫生預言他最多只能再活一年。他不抱有任何希望，整天不想吃飯，身體就更加虛弱，他的母親也很難過。1963 年 5 月 26 日，他的母親陪同他經過 16 小時的艱難跋涉到達勞狄斯，第二天就去岩洞裡沐浴。密查利在幾個照護人員的攙扶下，淋了一些泉水在打著石膏的左腿上。奇蹟竟然出現了，密查利開始有了飢餓感，而且胃口是數月以來從未有過的好。回到家幾個星期後，他突然產生想要起身行走的強烈念頭，而且就真的拖著那條打著石膏的左腿從這一邊走到了另一邊。他每日持續來

回走動、鍛鍊雙腿，身體一天比一天好，也變得更加健壯。1964 年 2 月 18 日，醫生們再次為他進行 X 光檢查，結果顯示他完全損壞的骨盆組織和骨頭竟然又長出來了，對此醫生也無法解釋。

很多年過去，這裡的泉水經年不息的湧出，並以神奇的治病功能吸引許多世界各地的人慕名而來，而這個就是聞名世界的神祕的聖泉。據統計，每年都有大約 430 萬人去勞狄斯這個小鎮，其中有很多人都是身患疾病、甚至是已經病入膏肓被醫學宣判「死刑」的病人。也有報導指出，在 124 年中，被醫學界承認這樣的醫療奇蹟就多達 64 例，而且都經過勞狄斯國際醫學委員的嚴格審定，至今也無法說明聖泉能夠幫助人「起死回生」的奧祕究竟在哪裡。

有人說這是上天賜予的恩惠，是聖母對其子民的愛，當然這是一種宗教的信仰沒有任何科學依據。不過相信對聖泉感興趣的人們，一定會竭盡全力持續探究，揭開它的本質，解開這個困惑人們的謎團。

死亡公路

死亡公路

在美國的愛達荷州有一條公路，在這條路上經常出現恐怖的翻車事件，所以被眾人稱為「愛達荷魔鬼三角地」。傳言車輛如果行駛過這個路段，會在不知道什麼時候被一股看不見的神祕力量突然扔到天上去，然後再被這股神祕的力量摔到地面上，造成車毀人亡的慘劇。

有一個叫威魯特‧白克的汽車駕駛說他曾經歷這種恐怖的事件。一

天，天氣很好，威魯特‧白克駕駛著一輛 2 噸重的卡車離開家去工作。沒多久他駛上愛達荷州的州立公路，很快就到了被稱為「愛達荷魔鬼三角地」的路段上。公路上的車輛很少，就在這時，威魯特‧白克突然覺得有一股神祕的力量，一下讓汽車偏離了公路，向路邊闖過去。威魯特‧白克想把汽車控制住，汽車被那股神祕的力量猛地抓了起來，又一下子被扔了出去。最後，汽車翻倒在了地上。威魯特‧白克非常幸運，只是受了點傷，生命算是保住了。不過有許多人就沒有那麼幸運了，據統計，在「愛達荷魔鬼三角地」這個地方已經有十幾個人斷送性命。事實上，這段公路跟其他的公路沒什麼差別，全都是平坦寬闊的大道。可是為什麼造成很多車毀人亡的事故呢？為什麼車輛會被一股神祕的力量扔出去呢？誰也未能解開。

在波蘭首都華沙附近有一個地方，也被稱作是「死亡公路」。駕駛們對這個地方感到恐懼不已。開車來到這裡，就像是吃了迷幻藥，會忽然感到昏沉沉，結果造成車毀人亡。所以駕駛們寧願多繞一些遠路，也不願從這裡經過，就連豬、狗也不願意待在這個地方，只要一在這裡停留，就會昏昏沉沉；可是像貓、鳥、蛇這樣的小動物在這裡卻生活得很好。蘋果樹、棗樹、杜鵑花這類的植物，在這個地方很快會枯萎而死；不過像楓樹、柳樹、桃樹，卻能在這裡生長得枝繁葉茂。

科學家們感到非常好奇，為此進行大量的考察和研究，想找到原因。最後找出可能是因為地下水輻射造成這種現象，但是卻沒有辦法知道這裡的地下水跟別的地方有什麼不一樣，所以造成這種奇怪的現象的原因，仍然是一個難解之謎。

在中國的蘭（州）新（疆）公路的 430 公里處，頻繁發生翻車事故，翻車的原因也很神祕。一輛正常行駛的汽車到這裡，有時就會像飛機墜入百

慕達一樣，突然翻了車。每年都會發生十幾起像這樣車毀人亡的重大事故，造成國家和人民的生命財產嚴重的損失。即使駕駛們再謹慎提防，也無法阻止事情發生。難道這個地方坡陡路滑、崎嶇狹窄嗎？其實都不是，這裡的道路不但十分平坦，視線也相當開闊。這麼多的車輛在前後相差不到百公尺的地方不斷翻車的奧妙究竟何在？

有人認為，這裡的道路設計出了問題。所以政府單位收到意見以後，改建了這段公路好幾次。不過不管怎麼改建，神祕的翻車事故，還是不斷地出現。

後來，人們發現這裡的每一次翻車事故，翻車的方向幾乎都是朝著北方。有人就說，此處以北可能有一個很大的磁場，所以汽車到這裡會被磁場吸引過去，才導致事故發生。這種想法聽起來好像有道理，不過沒有經過科學證實。對於駕駛們來說，蘭新公路這個神祕的 430 公里處，可以說是中國的一個魔鬼三角，目前還沒有明確的答案可以用來說明為何會發生這些離奇的事故。

恆河水為何會自動淨化

恆河

恆河發源於喜馬拉雅山脈，長達 2,700 多公里，在印度教徒的心目中，恆河是至高無上的，也是「淨化女神」化身的河。恆河水被視為地球上最聖潔的水，教徒們相信恆河水能夠洗去疾病、災難、罪孽，靈魂會得到淨化，得了重病的人也會重新獲得健康的生命，所以去恆河裡沐浴是印度教徒最嚮往的一件事情。

　　每一年都有很多朝聖者心懷虔誠來到恆河畔，在恆河水裡為自己舉行重要的宗教儀式。不管在恆河的哪一段，也無論是春夏秋冬，一天到晚都會有印度教徒在洗浴。有些人站在與腰一樣高的深水中搓洗；有些人面向太陽、雙手合十虔誠默禱；也有潛入水中全身浸泡在恆河中。有的更為瘋狂，直接在恆河水裡自盡，想要以此來洗去這一世的罪孽或冤獄。所以，恆河上有時會漂浮著屍體，屍體被打撈起來後將進行火化，然後遵照死者的遺囑把骨灰灑入恆河。就這樣年復一年，恆河水因此受到極大的汙染，成為全印度汙染度最嚴重的河流之一。不過印度教徒並不在乎，仍然將恆河視為純淨之水，持續在此處沐浴，並飲用恆河水。神奇的是，也幾乎沒有人因此而中毒或者生病。難道恆河水真的有神聖的力量，具有某種自動淨化的能力嗎？

　　為了驗證恆河水，科學家曾經故意將一些會對人體產生傷害的病菌放進恆河中，並且全程追蹤調查，沒多久再次進行檢測的時候，病菌竟然通通都被殺死了。

　　恆河水所具備的淨化能力從什麼地方而來呢？有的人大膽推測可能是河底的奧祕，河床上可能有一種能殺死病菌的放射性元素，不過這個推測還未被證實。但是恆河水所受的汙染是人們有目共睹的，過去它的水質非常純淨、優良，就算盛放很長時間，它看起來依然清澈，就好像是剛裝的一樣，讓人放心的飲用。

　　但是現在的恆河水已經受到大面積的汙染，即使它具有再強的自動淨化能力，恐怕也承受不了人類這樣無止盡的破壞和折磨。人們相信，只要不再危害恆河，它還一定會回到原來最初的樣子，繼續為人們提供清澈、新鮮的水源。

死海為何淹不死人 ————————

死海

　　在亞洲的南部，約旦高原與巴勒斯坦的交界處，有一個充滿神祕色彩的內陸湖，除了微生物可以存活外，沒有任何動植物可以在此生存。當洪水把約旦河及其他溪流中的魚蝦沖入這個湖中，這些魚蝦都難逃一死，所以人們把它稱作「死海」。死海的西岸為猶地亞山地，東岸為外約旦高原，約旦河由北向南注入死海。死海東岸有埃爾‧利察半島（意為舌頭）突入湖中，把湖分為兩部分，北邊的湖面大而深，面積有 780 平方公里，平均深度 375 公尺。南邊的湖面小而淺，湖面面積為 260 平方公里，平均深度 6 公尺。

　　死海地區氣候酷熱，水蒸發量極大，所以死海的水面上總是瀰漫、飄散著一層柔柔的水霧。死海水所含礦物質的成分占 33% 之多，其中以溴、鎂、鉀、碘等含量最高。死海有地球上最乾燥、最純淨的空氣，要比一般海面上的含氧量高出 10%，再加上溴和紫外線所形成的獨特的自然景觀和醫療功效，吸引世界各地的人紛至沓來。據說，西元前 51 年至西元前 30 年，埃及女王還曾用死海的水療傷，古希臘哲學家亞里斯多德也曾在他的著作中講述死海水的功用。

　　讓人感到很怪異的事情是，人掉進死海後並不會溺死，這是為什麼呢？

　　相傳在西元 70 年的時候，一個叫狄度的古羅馬軍隊的統領，為了鎮壓當地的反抗者，他就決定處死幾個俘虜，以殺雞儆猴。士兵們按照吩咐將俘虜帶上腳鐐手銬，將他們推入死海。誰知這些俘虜不但沒有下沉淹

死，反而被海浪安然無恙地送到岸邊，又再被這個統領重複用一樣的方法殺害多次，但都和以前一樣逃過一劫。狄度非常驚恐，以為這些俘虜有神靈保佑，趕緊把他們都放了。

現代的我們當然不會相信死海裡有什麼神靈，但是為什麼死海淹不死人呢？

其實是因為死海中含有大量的鹽分，資料顯示，死海海水中含鹽量比一般海水多好幾倍。水中含鹽量越大，其相對密度自然也大，其浮力也就隨之增大。死海的海水含鹽量高，水的比重超過了人體比重，所以人掉進死海後並不會被淹死，也正是湖中高含量的鹽分和稀薄的氧氣，導致魚蝦都無法在這裡生存。

死海中為什麼會有如此高含量的鹽分呢？

這就與死海所在的地理環境有關。死海是一個典型的內陸湖，東、西湖岸都是懸崖峭壁。北邊是進水口，約旦河由此注入死海；哈薩河則從東南角流入，每天注入百萬立方公尺的水，死海的湖面比地中海的海面還低，是世界上海拔最低的陸地。死海四面地勢高，只有進水口而無出水口，流入死海的又都是含有豐富礦物鹽的河水，河水把鹽分帶入了死海，加上這裡氣候非常炎熱乾燥，很少降雨，日久天長海水大量蒸發，鹽分就越積越多，水中含鹽量也就越來越高。甚至有人說，死海中所含的鹽分足夠全世界的人吃上千年呢！

會滴聖水的石棺 ——————————

石棺流出的水

在法國的庇里牛斯山區，有一個名字叫做阿爾勒的小鎮。這個小鎮有一個教堂，裡面有一具大約是 1,500 多年前雕製的石棺，以奢華的白色大理石雕刻而成，它長約 1.93 公尺。這都不足以稱為稀奇，最令人不解的是，這口石棺中竟然長年盛滿清泉般的水，從來沒有乾涸過，沒有人可以解釋這樣奇特的現象。

有的鎮上居民說，從西元 960 年以後才有這樣的現象。那個時候有一個修士從羅馬帶來了兩個波斯親王 —— 聖阿東和聖塞南，他們在修士的指引下開始皈依基督教，並把自己帶來的聖物放入教堂的石棺中以表虔誠。從那以後，石棺內就有了源源不絕的水，還為當地的居民帶來吉祥和幸福。聖阿東和聖塞南也成了「聖人」，為了紀念聖阿東和聖塞南，人們稱這神奇的水為「聖水」，還具有治療疾病的作用，人們很愛惜這些水，只有在萬不得已的時候才拿來使用。

這個石棺裡的水用之不盡，是一個無解的現象。有人說在法國大革命期間，外來的侵略者和當地的一些人造反，將任何東西都倒入石棺裡，變成了垃圾箱。在這幾年中石棺再也沒有流出一滴「聖水」。人們以為再也不會有「聖水」了，就在法國大革命結束後，人們懷著虔誠的心將石棺裡面的髒東西清除乾淨，石棺竟又重新流出神奇的「聖水」。而且自此即使再乾旱的氣候，石棺依舊提供清泉一樣的「聖水」，讓人很難理解。

阿爾勒鎮上教堂裡的這口石棺為什麼會有源源不斷的「聖水」流出呢？這個「聖水」是從哪裡來的呢？科學家們深深被這個現象所吸引。

1961 年，兩位水利專家試圖解開石棺內的水源之謎。

剛開始水利專家認為這些水可能是滲透或凝聚產生，於是想方設法讓石棺與地面隔開，為了更嚴謹的查證，他們還用塑膠布把石棺嚴嚴實實地包起來，防止外界的雨水滲入石棺中，同時為了防止有人故意往棺內灌水，甚至還在石棺旁設崗，由兩個人輪流日夜值班，但是這些方法都沒辦法斷絕石棺裡的水源。一些專家們還使用科學方鑑定石棺裡的水質，發現就算是石棺裡的水不流動，水質也很純淨，好像能夠自動更換一樣。

還有一些相信「超自然能力」的專家做過這樣的解釋：當初聖阿東和聖塞南拿著「聖物」，還沒放到阿爾勒鎮教堂之前，曾經在別的教堂裡放置過，而那個教堂旁邊一定有一個泉水井。泉水井裡的泉水滲透到「聖物」上，這樣「聖物」就能具備出水的神奇功能。放到石棺以後，石棺也有了同樣的出水功能。

經過專家的考察後，發現這具石棺總容量還不到 300 升，可是每年從石棺中流淌出來的水卻是它的 2 至 3 倍，這也是很難讓人理解的現象，這一切都還是一個謎，或許將來有一天有人會破解它。

會自行移動的棺材

在巴貝多奧斯汀灣的克萊斯特切奇教區有一個非常古老的墓地，這個墓地看似普通，卻常常發生一些不尋常的事件 —— 這裡的棺材竟然會自己移動。

這個陵墓由珊瑚石砌成，還有一塊沉重的大理石板封口。它有一部分在地上，另一部分則是埋在地下，有一段臺階將其上下連接。陵墓長 4 公

尺，寬 2 公尺，從裡面看墓頂是拱形但從外看卻是水平的，構造很奇特。

　　西元 1807 年 7 月，托馬西娜‧戈達德夫人為第一個被安葬於此的人。一年過後，年僅 2 歲的女孩瑪麗‧安娜‧蔡斯也被安葬在這裡。沒多久，瑪麗的姐姐也過世。同年年底，這個莊園的主人托馬斯‧蔡斯先生也躺進了這個墓穴。按照當時巴貝多的習俗，富有的人通常使用笨重的鉛封住棺材，這樣的棺材至少要十幾個壯漢才有可能搬動。

　　又經過四年，西元 1816 年 9 月 25 日，只有 11 個月大的薩繆爾‧阿莫斯也要被葬入這個陵墓。當那塊沉重的大理石墓門被打開時，幽暗的陵墓中一片狼藉，所有的棺材被放得亂七八糟，就連托馬斯先生的笨重的鉛封棺材也離它原來的位置好幾公尺遠，並且翻轉了 90 度。

　　這裡到底發生了什麼事？是誰？是什麼力量移動棺材的呢？因為得不到答案，人們把這些棺材又重新放回原地，可是此後每當這個家族要將去世的人入墓時，都會發現墓內被弄得亂七八糟，這裡的人將墓室徹底搜查了一遍，沒有發現任何異狀。有人猜測可能是地下水沖擊，可是墓室中的每一處看起來都相當乾燥，而且附近的墓地也沒有出現這樣的情況。迷信的人認為這個陵墓被某種超自然的力量所控制或是受到了詛咒，都盡可能遠離墓地。

　　在棺材被重新放回原位後，人們在地面上撒了一層厚厚的白沙子，以便能留下腳印或拖拉的證據。沉重的石板用水泥封在原處。當地政府還在水泥上蓋上了封印。

　　人們對此事很好奇，經過討論後決定，為了解開棺材移動之謎，決定再次開啟陵墓。上面的封印沒有被動過，依然清晰。水泥被敲開後，大理石墓門仍然難以移動，原來是托馬斯先生的鉛封棺材以一個很陡的角度頂

在了門上，這讓人更難以置信。可是沙子上卻沒有絲毫拖動的跡象，也沒有腳印，更遑論地下水的水痕。陵墓還是一樣堅固，沒有裂痕，石頭也沒有鬆動。人們對此不知所措，地方長官下令將所有的棺材都移葬到其他地方。

此後人們為了了解巴貝多棺材移動之謎，提出很多不同的說法，可能是其他種族的報復、突發的洪水、真菌的作用、小規模的地震等等，最後，連 UFO 的研究者也來插足，他們指出可能是外星人在地球上做的遠距離牽引實驗。雖然正統的科學家對此嗤之以鼻，這種神祕力量使人們更加感興趣，不過至今棺材自行移動的現象，也還沒有一個讓大家都接受的解釋。

遺留在荒原上的巨畫 ─────────────

荒原上的巨畫

在現今祕魯共和國西南沿海的安地斯山脈，有一片被稱為「鬼地」，那是廣袤的荒地 ── 納斯卡荒原。在納斯卡荒原上的巨畫，被稱為「人類第八大奇蹟」。本世紀中葉以來，全世界所發生的所有關於飛碟的報告，70%都與這塊神祕的荒原有關。這片荒野之所以會成為熱門旅遊景點，全因祕魯國家考古隊的一次意外的發現。

當晨光熹微，人們如果從空中俯瞰納斯卡荒原巨畫，展現在人們眼前的會是一件不可思議的「大地藝術」。巨畫上有大小不一的三角形、長方形、梯形、平行四邊形和螺旋形幾何圖案，還有許多動物、植物與人的形象。在這些幾何圖案中，大的三角形圖案邊長好幾公里，但是誤差竟在 1

公分之內！從空中拍攝的照片看，圖形栩栩如生：大鵬的翼長 50 公尺、身長 300 多公尺，猶如扶搖直上雲霄；而章魚的腹下插著一把鋒利的長刀，痛苦地掙扎著……除了這些之外，還有很多地球上沒有的生物，全都奇形怪狀。

這「大地藝術」的製造者，將荒原的礫石挖開，形成「溝槽」以展現圖形，「他」不僅得是卓越的藝術家，還得是精通光學原理的科學家，朝陽斜射光線的入射角度必須精確計算，才能確定每根線條的深度、寬度與間距。當朝陽升到一定高度，就會在雲蒸霞蔚中顯現那千姿百態的巨畫。

納斯卡荒原的巨畫轟動了世界，那麼這些荒原巨畫的「作者」是誰？在什麼年代「創作」？又是為什麼創作呢？半個多世紀以來，各種說法都有，而且越爭論越讓人感到神奇。

一種說法為這是外星人的基地，瑞士考古學家馮‧丹尼肯（Erich von Däniken）就贊同這一觀點，他認為荒原巨畫中那些地球上沒有人見過的生物，都來自外太空。不論是幾何圖案、生物圖案，都是「外星人」傳遞資訊的記號。砌成這些神祕圖案邊緣的石塊更是特別，在整個納斯卡荒原是找不到這種質地的石塊的。經過測試，無論何種工具，包含氣動鑽、炸藥等，納斯卡荒原的表面沒有受到任何損害。地平面傾斜的角度與火箭發射臺的傾斜角相同，而且又是地球上磁場強度最弱的地方之一，所以，它被認為是「飛碟機場」的理想選址。

還有另一種說法，荒原圖案是古納斯卡文明的產物，是古納斯卡人的傑作。瑪麗亞‧賴歇（Maria Reiche）認為，古代的居民可以先用設計圖製作模型，再把模型分成許多部分，最後按比例把各部分複製在地面上。而一些人則認為，這些巨畫是按照空中投影在地面上圖形所製作的。這樣的

解釋雖然直接解決設計和計算的困難，可是也同時引出了更多的疑問，因為古代的納斯卡人不可能掌握飛行技術，所以是誰在空中投影呢？還有的學者認為荒原巨畫是古納斯卡人的天文圖，或是有特殊用途的年曆。巨畫中的「線條」，有的指向冬至、夏至時節太陽的位置，有的指向太陽、月亮升降的位置，可能是古納斯卡人利用太陽光照射在那條溝道線上的角度來判斷一年中的四季與一天中的時辰。有的學者則認為，荒原圖案可能是古納斯卡人舉行盛大的比賽或盛宴的地方，又或者是古納斯卡人的祕密藏寶圖。

一位英國歷史學家認為，荒原巨畫乃宗教圖畫。古納斯卡人相信靈魂不死，為了表達死後進入天國的想像與憧憬，就創作荒原巨畫。歷史學家艾倫·薩耶也認為，也許古納斯卡人相信在這些迷宮似的圖案線條中前行，能得到某種神的啟示與力量，不過基本上這些說法，並不被當代的人們所接受。

恐怖而神祕的百慕達三角區

百慕達三角

在美國東南方的大西洋上，有一塊神祕的三角形海域，它的位置在百慕達群島、佛羅里達半島南端和波多黎各這三點連線組成的三角形之內，所以被稱為「百慕達三角」。

近 100 多年，那裡總會不時發生駭人聽聞又令人不解的消息，例如飛機突然墜落、輪船意外沉沒。據統計，從西元 1800 年到 1981 年這 180 多年裡，墜機或沉船事件就有四、五十起，失蹤的飛機和船不計其數，罹難

者近 1,000 餘人，而這只是部分的統計數字，可能還有更多不幸的事件發生。所以這塊海域又被稱為「魔鬼三角」、「死亡三角」等。

在這個地方發生最嚴重的飛機失蹤事件是在 1949 年 12 月 5 日下午，美國海軍第 19 飛行中隊，奉命執行一項訓練任務。這個飛行隊由 5 架魚雷轟炸機和 14 名飛行員組成，他們計劃從勞德代爾堡海軍基地起飛然後在方圓 120 公里的空域內繞一圈後返回。正當飛機完成俯衝練習繼續向東飛行時，基地塔臺的人員忽然收到機組領隊的警報，說他們失去方向，海洋和平時不一樣，一片蒼茫渾沌，接著無線電完全中斷，再也沒有任何音訊，19 中隊消失了，為了尋找 19 中隊，司令部又派出了一艘水上飛機「馬丁水手」號緊急前往出事的海域。意想不到的是，這艘救護船和 13 名機組人員也沒有了消息，一共 6 架飛機和 27 名飛行員全部都失蹤了。更令人疑惑的是，海上竟然沒有發現任何遇難人員的屍體和遺物！這些人生死未卜，沒有人知道他們到底遭遇了什麼。

1968 年，美國航空公司一架大型客機在經過百慕達海域時，在地面的監控螢幕上消失達 10 分鐘之久，雖然最後安然無恙地降落在邁阿密的機場上，但抵達時間大幅提前。機組人員並沒有遭遇任何奇怪事件，可是飛機上所有的鐘錶都比實際慢了 10 分鐘。

1977 年 2 月，一架載了 5 名乘客的水上飛機進入百慕達水域進行現場考察，當乘客在機艙吃晚餐時，發現刀叉竟變彎，機上鑰匙也變形，羅盤指標偏離了幾十度，卡帶也出現了噪音。

很多人對這些奇怪的事件提出不同的猜想，有人曾說在這一帶海域看見一種很奇怪的光，極其明亮，但沒人知道這光芒從何而來。有另一種看法認為，百慕達三角海域的海底具有強大的磁場，才會造成羅盤和儀表失靈。

不少學者認為百慕達三角就像黑洞一樣，雖看不見它實際存在的樣子，但卻能吞噬一切。唯有這個論點有辦法解釋為什麼消失在百慕達的飛機和船艦，會在剎那間消失得無影無蹤、不留痕跡。

也有人認為百慕達三角事件是晴空湍流所造成。這種風產生在高空，當風速達到一定強度時，便會產生風向角度改變的現象。風向突如其來改變，會伴隨著次聲波（infrasound）的出現。

還有人認為百慕達三角的海底有一種不同於海面潮水湧動流向的潛流。

不過這些僅僅只是假說，而且，每一種假說只能解釋某種現象，並沒有徹底解開百慕達之謎。除了飛機和船隻無故失蹤之外，百慕達三角海底和海平面上，還有很多難以解釋的怪事。

第六章
嘆為觀止的事實

神祕「海底人」

人類起源於海洋，現代人類的許多習慣及器官明顯地保留這方面的痕跡，例如：喜歡吃鹽、會游泳、愛吃魚等，這些特徵是陸上其他哺乳動物不具備的。所以有一種觀點認為，「海底人」既能在「空氣的海洋」裡生存，又能在「海洋的空氣」裡生存，是史前人類的另一分支。

俄羅斯學者魯德尼茨基（Rudnytsky）認為，這個大膽的假設很有道理。假如我們能把海洋當中神祕閃光持續時間和間隔時間記錄下來，也許現代化的電腦能把「海底人」以閃光訊號的方式向我們大陸人類發出的資訊破解出來。

第二種觀點認為，「海底人」不是人類的另一分支，很可能是棲身於水下的外星人，理由是這些生物的智慧和科技水準遠遠超過了人類。但是這種假設太離奇，沒有得到太多科學家的認可。

越來越多的海底怪物讓人疑惑，這些怪物是人類從海洋裡演化至陸地上之後，還有一個支脈留在海洋深處？還是來自外星的文明？

1958 年，美國國家海洋學會的羅坦博士使用水下照相機，在大西洋 4,000 多公尺深的海底，拍攝到了一些類似人但卻不是人的足跡。

1988 年，在美國南卡羅萊納州的沼澤地裡，人們又發現了一種半人半魚的生物，有的甚至有鰓，這不禁使我們思考難道人類有長出鰓的可能性嗎？基因學者認為，人類是從有鰓動物演化而來，在了解人類基因組和魚類基因組的基礎上，人是可以長出鰓的。

英國的《太陽報》曾報導，1962 年曾發生過一起科學家活捉「小人魚」的事件。俄羅斯列寧科學院維諾葛雷德博士曾講述事發經過，當時一艘載

有科學家和軍事專家的探測船，在古巴外海捕獲了一個能講人話的小人魚，皮膚呈鱗狀，有鰓，頭似人，尾似魚。小人魚稱自己來自亞特蘭提斯市，還告訴研究人員在幾百萬年前，亞特蘭提斯大陸橫跨非洲和南美，最後沉入海底。後來小人魚被送往黑海一處祕密研究機構，供科學家們深入研究。

也有傳聞是在神祕莫測的大西洋底，生活著一種奇特的人類，他們建造金碧輝煌的海底城市，創造了輝煌的歷史，無憂無慮地和海底的生物一起生活。忽然某天，有些海底人感到孤單，便好奇地浮出海面，混入陸上的人類之中，於是，一系列有趣的事情發生了。讀過科幻小說《大西洋底來的人》（*Man From Atlantis*）的讀者對這些故事都不陌生，也許許多讀者都會問：大洋底下真的生活著另一種人類嗎？

對於這個問題，目前尚無法給予明確回答，畢竟我們生活在這個巨大的星球上，而人類目前的認知程度還有限，還有許許多多我們尚未認識的事物。雖然現在還沒有確鑿的證據證明海底生活著某種人類，但是，關於海底有人生活的傳聞卻不斷，令人驚訝無比。

1. 神祕的「海底人」

1938 年，在東歐波羅的海東岸的愛沙尼亞朱明達海灘上，一群漁民發現一個從沒見過的奇異動物，嘴部很像鴨嘴，胸部卻像雞胸，圓形的頭部有點像蛤蟆。當這「蛤蟆人」看到一大群人在追趕他時，便一溜煙跳進波羅的海，速度極快，但他也在沙灘上留下碩大的蛤蟆掌印。

此外，有漁民在加勒比海海域捕到 11 條鯊魚，其中有一條虎鯊長18.3 公尺，當漁民解剖這條虎鯊時，在牠的胃裡發現異常奇怪的骸骨，上

半身三分之一像成年人的骨骼，但從骨盆開始卻是一條大魚的骨骼。當時漁民將之轉交警方，經過驗屍人員檢驗，證實是一種半人半魚的生物。

1968 年，美國邁阿密城水下攝影師穆尼說，他在海底看到過一個怪人，臉部像猴子，看上去似有鰓囊，兩眼像人但沒有長睫毛，而且比人眼要大；兩條前肢也像猴，但長滿了光亮的鱗片，腳掌像鴨蹼。他說當時怪物死死地盯著他，嚇得他心驚膽顫，但怪物最後並沒有攻擊他，而是突然轉身飛快游走，就像腳上裝有推進器一樣。穆尼說：「我當時清楚地看到腳上有五個爪子，但我來不及拍下來，真是個大遺憾！」

在本書第一章提到的「蜥蜴人」，也被許多人認為可能就是爬上岸的海底人。1980 年，傳聞在美國南卡羅萊納州的沼澤地中有蜥蜴人出沒，蜥蜴人身高 2 公尺左右，有一對很大的紅眼睛，全身披滿綠色的鱗甲，每隻手僅有 3 根手指，直立行走，奔跑起來比汽車還快，力大無比，還能在沼澤裡行動自如，人們想盡各種辦法希望捉住牠，但都沒能如願。世界各地常有這樣類似「海底人」的目擊者。

傳說中出沒的怪物是不是真的屬於另一種人類？他們是不是來自海底？我們暫且不論，除了海底人的傳說，據說海中也經常有一些不明的潛水船，神出鬼沒，效能先進，令人難以置信。

2. 出沒海中的幽靈潛艇

最早發現不明潛水物是在 1902 年，為英國貨輪伏特・蘇爾瑞貝利號在非洲西海岸的幾內亞海灣航行時，船員發現一個半沉半浮在水中的巨大怪物。在探照燈的照射下，船員清楚地看到那個怪物由稍帶圓形的金屬構成，中央部分寬約 30 公尺，長約 200 公尺，外形很像現今的太空梭。它

在燈光中不聲不響地潛入水中、無影無蹤。

1950 年代又傳說阿根廷和美國沿海又出現「幽靈潛艇」。據說在阿根廷努埃保海峽，有人發現了一個巨大的雪茄形金屬物體正在水下航行。兩個星期後，阿根廷海軍探測到這艘幽靈船，並用魚雷進行攻擊，但攻擊結果未明。在海灣被封鎖後，這艘不明潛水艇便銷聲匿跡了。

又有消息說，1963 年美國海軍在波多黎各東南海域進行軍事演習時，發現了一艘不明潛水艇，它只有一邊的螺旋槳，卻能以每小時 280 公里的高速在深達 9,000 公尺的海底航行。美國軍艦和潛艇盡力追趕，卻無法趕上它。這艘幽靈潛艇的效能令人咋舌，即使目前人類最先進的潛水器也只能下潛到水下 6,000 公尺左右，在水中的時速亦不會超過 95 公里。

到了 1970 年代，傳聞幽靈潛艇又在北歐的斯堪地那維亞海域不斷出現，它潛入挪威、瑞典等國家的軍港。起初，北約組織認為是俄羅斯的偵察潛艇，後經美國情報分析人員認真研究，否認了這種說法。報紙報導說，1973 年幽靈潛艇在挪威的峴科斯納契灣浮出水面，當時北約和挪威等國海軍在舉行大規模聯合軍事演習，對這艘膽大妄為的潛艇，聯合艦隊極為憤怒，決定發動攻擊。數十艘艦艇同時向不明潛水艇開火，它在槍林彈雨中出入，如入無人之境，就連海軍發射的三枚先進的「殺手魚雷」也無一擊中目標。當這艘幽靈潛艇突然浮出海面時，所有艦艇上的電子裝置竟同時發生故障，通訊中斷，雷達、聲納系統也全部失靈。等十分鐘後不明潛水艇潛下水時，艦隊的無線電通訊才恢復正常。

不明潛水物的蹤跡遍布全球各地海域，引起研究人員的關注，甚至有人認為，不明潛水物便是海底人的艦船，而更駭人聽聞的是，許多人都說他們在海中發現了各式各樣的神祕建築物。

3. 傳說中的海底城市

　　1969 年，美國兩位作家羅伯特‧費羅和米歇爾‧格蘭門里為體驗生活，來到巴哈馬群島的比米尼島參加海底探險活動，他們在比米尼島北岸附近的海底發現了一片由石頭雕像擺成的幾何圖形，這些石頭呈矩形排列，全長約 250 公尺。同年 7 月，另一個考古探險家特羅納和潛水員又在該島以西的海中發現了一組大石柱，有的橫臥海底，有的直立在水中。後來推測，這些是城市遺址，建築在一萬至一萬二千年前，說明海底曾經存在一座先進的城市。

　　這個發現引起世界轟動，促使許多人開始尋找傳說中的海底城市，其後又傳出幾個發現海底建築的傳聞。

　　據報導，1985 年美國國家海洋學會的羅坦博士駕著一個小型深潛器，攜帶一部水下攝影機對大西洋底進行考察。當他潛到約 4,000 公尺深處時，眼前出現令人驚異的奇妙景象，他所看見的是一個海底莊園，那是一座金碧輝煌的西班牙式水晶城堡，連道路也全部採用類似大理石的水晶塊鋪設而成。在圓形建築物最上方，安裝著類似雷達的天線，但城市中看不到任何人影，羅坦博士連忙用水下攝影機拍攝，但突然湧來一股不明海底湍流，把他和深潛器推離這個美麗的海底城市。此後，羅坦博士再也找不到這座海底「水晶宮」，更遺憾的是，他急忙拍下來的畫面也模糊不清，只能隱隱約約看到水下城堡的影子。

　　1992 年夏天，據說一群西班牙採集海帶的工人，在只有幾十公尺深的海中看到一個龐大的透明圓頂建築物。1993 年 7 月，英美一些學者又聲稱在大西洋百慕達約 1,000 公尺的海底發現了兩座巨型「金字塔」。據他們說，金字塔是用水晶玻璃建造的，寬約 100 公尺，高約 200 公尺。然而，

當其他人聞訊後再次返回這些地點時，這些傳說的海底建築都已經消失得無影無蹤。

4. 關於神祕海底的爭論

是否真的有人生活在海底？一直是科學家爭論不休的問題。

有些學者認為，關於發現海底人、幽靈潛艇和海底城堡的傳聞，大都是一些無聊的人無中生有、信口雌黃的謠言，有些人是為了出名而編造這些稀奇古怪的經歷和傳聞，而有些純粹是出於好玩。學者認為所謂發現的海底人，可能是海中的一些動物，而幽靈潛艇可能是實驗性的潛艇，而發現的水中城堡、金字塔純屬子虛烏有，根本沒有令人信服的證據足以證明這類海底建築的存在。

然而，有許多人卻持相反看法。他們認為《大西洋底來的人》並非杜撰出來的科幻小說，種種跡象顯示，在廣袤無邊的大海深處，應該存在著另一類神祕的智慧人類 —— 海底人。他們認為陸上的人類是從海洋動物演化而來。海底人是地球人類進化中的一個分支，和陸地人類一樣，他們在海洋中不斷演化，但最終沒有脫離大海，而是成為大洋中的主人。持有這種觀點的學者認為，著名的「比米尼水下建築」就是海底人的建築遺蹟，後來由於海平面上升，只適於深海生活的海底人只好放棄他們的城堡。他們甚至指出，西班牙海底發現的大型圓頂透明建築，和大西洋底發現的金字塔可能是海底人類的高科技建築及裝置。金字塔可能是用來發電或淨化、淡化海水的裝置，而那些建築上的雷達狀天線，可能是他們可以在海底互相聯絡的天線。

此外，俄羅斯一些研究不明物體的專家則認為，在海中出沒的海底人

應該是來自外星球的智慧生物。因為如果「海底人」是地球史前人類進化的一個分支，那麼他們的文明發展程度與地球人類相差不遠，而實際上從海中出現的不明潛水艇的技術和功能看來，人類目前無法製造如此先進的艦艇。因此，「幽靈潛艇」的科技水準已遠遠超過現今人類的水準，他們有可能是來自外星的高智慧人類，且他們可能在大洋深處建立了基地，並常常出沒於海洋中。

海底人到底是否存在？他們來自何方？直至今日我們尚無法得出結論，但可以肯定，未來的某天，這一謎底終將被揭開。

百慕達海底金字塔

1. 磁場說

在百慕達三角出現的各種奇異事件中，羅盤失靈是最常發生的，所以常常有人把它和地磁異常連結在一起。人們還注意到在百慕達三角海域失事的時間，多在陰曆月初和月中，這是月球對地球潮汐作用最強的時候。

地球的磁場有兩個磁極，即地磁南極和地磁北極。它們的位置並不是固定不變的，而地磁異常容易造成羅盤失誤使飛機或船隻迷航。

還有一種看法認為，百慕達三角海域的海底有強大的磁場，它能造成羅盤和儀表失靈。

1943 年，一位名叫襲薩的博士曾在美國海軍配合下，做過一個有趣的實驗。他們在百慕達三角區架起兩臺磁力發生機，輸以十幾倍的磁力，看會出現什麼情況。實驗一開始，怪事就出現了。船體周圍立刻湧起綠色的煙霧，船和人都消失了。實驗結束後，船上的人都受到了某種刺激，有些

人經治療恢復正常，有的人卻因此精神失常。事後，襲薩博士莫名其妙地自殺了。臨死前，他說實驗出現的情況與愛因斯坦的相對論有關，但他沒有留下任何其他論述，以致實驗本身也成了一個謎。

2. 黑洞說

黑洞是指天體中那些晚期恆星所具有的高磁場超密度的聚吸現象，雖肉眼看不見，卻能吞噬一切物質。不少學者指出，百慕達三角區飛機與船隻不留痕跡的失蹤事件，相似於宇宙黑洞的現象，否則很難以解釋為什麼可以在剎那間消失得無影無蹤。

3. 次聲波說

聲音產生於物體的振盪，人所能聽到的聲音之所以有高低起伏，這是因為物體不同的振盪頻率所致。頻率低於每秒 20 次的聲音，是人的耳朵聽不見的次聲波。雖聽不見，卻有極強的破壞力。

百慕達海域地形的複雜性，加劇了次聲波的產生及其強度。波多黎各海岸附近的海底火山爆發、海浪和海溫的波動與變化，都是產生次聲波的原因。

4. 水橋說

據認為百慕達三角區的海底有一股不同於海面潮水湧動流向的潛流，曾有人在太平洋東南部的聖大杜島沿海，發現在百慕達失蹤船隻的殘骸，只有這股潛流才能把船的殘骸推到聖大杜島來；當上下兩股潮流發生衝突時，就容易發生船難。而船難發生之後，那些船的殘骸又被潛流拖到遠處，這就是為什麼在失事現場總是找不到失事船隻。

5. 晴空湍流說

晴空湍流是一種極特殊的風，這種風產生於高空，當風速達到一定強度時，便會產生風向的角度改變的現象。這種突如其來的風速方向改變，常常又伴隨著次聲波的出現，這又稱「氣穴」。航行的飛機碰上它便會激烈震顫。當然嚴重的時候，飛機就會被它撕得粉碎。

可惜，這些僅僅是假說而已，而且每一種假說只能解釋某種現象，無法徹底解開百慕達之謎。何況，除了飛機和船隻無端失蹤之外，百慕達海底及海面都還有一些令人難以置信的怪事呢！

永無休止的怪事

1963 年，美國海軍在波多黎各東南部的海面下，發現一個不明物體以極高的速度在潛行。美國海軍派出一艘驅逐艦和一艘潛水艇前去追尋。他們追蹤了四天，還是沒有任何蹤影。這個水下不明物體，不僅行駛速度快，又有特殊的潛水功能，可以下潛至 8,000 公尺以下的深海，連聲納都無法探測到。人們只看到它有個帶螺旋槳的尾巴，無法窺清其真面目。

有人認為這可能是前蘇聯的潛艇，然而美國認為以現代的加工製造技術，莫說是前蘇聯，連美國都無法製造出這種可高速行駛，又可下潛深海的物體。

是什麼？讀者只能自己想像，因為美國海軍部也沒辦法解釋。

1979 年，由美國和法國科學家組成的一個聯合考察小組，意外地在這一帶的海底，發現了一個水下金字塔。當然，這個水下金字塔絕非自然界的產物，而是人工製造的產物。考察隊隊長、美國邁阿密博物館名譽館長查爾斯‧柏里茲聞訊後，立刻派人攜水下攝影機再次下潛拍照。從照片上

我們可以看見高大雄偉的水下大金字塔，塔上有兩個巨大的黑洞，而海水高速穿過這兩個洞，致使這裡的海面波濤洶湧。

據稱這個水下金字塔，比埃及古夫金字塔還要雄偉，同時，它又給史學家帶來一個新的難題──即又再度掀起亞特蘭提斯帝國是否存在的爭論。

海底的傳聞已經讓人頭痛，至於天上呢？1981年，一群旅客正在巴哈馬島上遊玩。突然間，天空傳來一陣引擎聲，人們抬頭一看，只見一架第二次世界大戰期間美國使用的「野馬式」戰鬥機呼嘯而來。

起初遊客們以為這是旅遊公司特定安排，且事先未告知的餘興節目，高興地鼓掌。不料，戰鬥機竟不分青紅皂白地朝遊客開火，遊客嚇得四處奔竄，而戰鬥機隨即消失在雲中。

所幸當時有人拍下了飛機的照片，旅遊公司藉此向法院控告美國空軍。美國空軍見到照片大吃一驚，這架飛機確實是他們的，但早在49年前就在百慕達三角上空失蹤了。

天哪，40年前失蹤的飛機怎麼又飛回來了？請先不要吃驚。如果你看到下面一則報導，不知你將作何感想。

有報導表示，美國一架舊式轟炸機，出現於月球上的一座環形山頂。透過俄羅斯太空探測器從太空傳回的照片，看見這架飛機不僅完整無損，還清晰地呈現了它的機號。經美國空軍核對，發現這又是一架40年前失蹤於百慕達三角區的飛機。

是誰把它弄到了月球？把它弄到月球又想做些什麼？

日本的百慕達三角

1952 年 9 月 18 日，日本漁船「妙神丸號」返回港口，船員說海面上「惡浪翻滾得都形成了巨型的穹頂」。「妙神丸號」帶回來的消息，引起日本科學界的注意，因為他們認為船員所描述的現象，很可能是海底火山爆發所引起的。日本列島飽受地震之苦，所以對此事特別謹慎、留意。3 天之後，日本航海安全署派出巡邏艦「敷根丸號」駛向這片海域。

與此同時，東京漁業大學召集一批專家，連同《朝日新聞》記者，一起登上前去考察的海洋考察船「新陽丸」號。

9 月 23 日，「新陽丸號」的儀器記錄下海底火山爆發的情況。這時，「敷根丸號」巡邏艦返回港口報告，海面上發現一個新冒出來的小島。然而，當「新陽丸號」趕到現場時，除看到兩塊岩石裸露在海面之外，所謂新冒出來的小島又已沉入海中。

由於海底火山爆發得越來越厲害，「新陽丸號」只得返航。可是日本水文地理署的官員，開始擔心他們派出的另一艘考察船「海陽 5 丸號」的安全，這艘船 9 月 21 日載著一批專家駛離東京，至今音訊全無。

他們耐心而忐忑地等待了幾天，仍然毫無音訊。「海陽 5 丸號」自離港後，未發回一封電報。水文地理署立刻展開營救工作，派出人員及船隻前往搜索。船上載有日本最著名的一批學者，連同船員共計 31 人。前往搜尋的人空手而歸，他們說除了發現那座海底火山重新爆發之外，什麼也未發現，證實「海陽 5 丸號」失蹤了。

為什麼搜索人員在海面上找不到任何漂浮物？為什麼「海陽 5 丸」號連封電報都沒發回？船上裝有 30 噸燃料，即便最終結果是遇難，水域卻連一點油漬都沒有？

這片海域被日本人稱為「魔鬼海」，它位於日本列島和小笠原群島之間。

當然，如果僅僅是這一起失蹤事件，人們是不會把這裡稱之為「魔鬼海」的。

早在 1928 年 2 月 28 日，一艘 6,000 噸級的美國輪船「亞洲王子號」，駛離紐約港，經巴拿馬運河駛入太平洋。一個星期之後，一艘名叫「東部邊界城市號」的輪船收到「亞洲王子號」發出的呼救訊號，這個訊號重複了幾次就消失了。

駐夏威夷的美國海軍動用很多力量前往搜尋，但一無所獲。

到底是什麼力量在日本的「魔鬼海」作祟？1957 年 4 月 19 日，日本輪船「吉州丸號」正在這一帶海域航行。船長和水手們都發現「兩個閃著銀光，沒有機翼，直徑約 10 公尺長，圓盤狀的金屬飛行物」從天而降，鑽入離船不遠的水中，當時海面激起巨浪。船長馬上記下當時的位置：北緯 31 度 15 分、東經 142 度 30 分。

很明顯，飛碟是「嫌疑犯」。不，除了飛碟之外，包括日本魔鬼海在內的遠東海域，還發現一種被稱作「閃閃發光的海底巨輪」的神祕物體，這片海域是在曼谷到婆羅洲西北的一條直線上。

1967 年 3 月，3 艘貨輪上的船員都看到一個泛著磷光的車輪狀物體，高速在水下遠行，光是從旋轉的中心照射出來的。3 艘船中有一艘船上的船員，在一週之內見到這個怪異的現象兩次。另一艘船的船員，在 10 月又在同一海域發現同樣的現象。半年時間之內，人們總共 5 次觀察到它。

研究這種磷光巨輪的權威人士 —— 漢堡的卡勒教授說，這種磷光輪在旋轉中似乎放射著千道光芒。中國「成都號」貨輪的船長說，他也曾見

過一種乳白色霧狀波浪，浪寬 9 公尺，彼此間距 9 公尺，在水下 2.5 公尺的深處，以每秒鐘起伏兩次的頻率從船下穿過，這代表磷光輪的支臂以每秒鐘至少 30 公尺的速度在旋轉運行。

一個星期之後，這位「成都號」貨輪船長又看到兩個巨「輪」。這一次觀察到的現象頗為古怪，它每秒鐘放射 5 至 6 次光，其閃光照亮了近 80% 的海面，其亮度雖不強烈，但能看得清楚書上的字。

「格倫法洛赫號」船長稱，他曾觀察到一種發光狀霧似的沙堆，從一個直徑 15 至 30 公尺的中心點湧了出來。他還發現兩個海底巨輪，疊在上下做反向旋轉。

卡勒教授說，這些「海底巨輪」在婆羅洲和泰國灣海面最容易發現。美軍「河狸號」船上的官兵，也曾在這一帶海域發現過巨輪。

有些學者試圖以海洋中發光的微生物作用來解釋這一現象，但那些微生物怎麼能構成一種比風速、氣流速度都快的光輻射線呢？

百慕達謎題尚未解開，「巨輪」現象又為我們的科學家帶來了麻煩。

鐵達尼號沉沒之謎

鐵達尼號

1912 年 4 月 12 日是個悲慘的日子 —— 這一天，英國豪華客輪鐵達尼號在往北美洲的首次航行中，不幸沉沒。這次沉船事件致使 1,523 人葬身海底，是人類航海史上最大的災難，震驚世界。這麼多年來，鐵達尼號沉沒的真正原因，一直都還是人們關注的焦點。

　　1985 年，人們在紐芬蘭附近海域發現了沉沒的鐵達尼號殘骸。緊接著，專家利用各種先進技術，甚至潛入冰冷黑暗的深海，企圖釐清鐵達尼號沉沒的原因。然而，潛入水中的人只能看到鐵達尼號的外觀，卻無法探查由於冰山撞擊造成的「創傷」，因為輪船的裂縫已被厚厚的泥沙掩埋起來了。這個狀況一直到 1996 年才得以改變，該年 8 月，一支由幾個國家潛水專家、造船專家及海洋學家組成的國際考察隊深入實地進行探測，不探則已，一探驚人。一個全新的說法打破了著名電影《鐵達尼號》（*Titanic*）廣為人們所接受的劇情，在這部電影裡，這艘近 275 公尺的豪華客輪，被迎面漂來的冰山撞開了約 92 公尺長的裂縫後，船艙進水，很快沉沒在紐芬蘭附近海域。然而這次探測的結果顯示，鐵達尼號並不是被迎面漂來的大冰山撞開一個大裂口而沉沒的，專家們的聲波探測儀找到了船的「傷口」。「傷口」並不是 92 公尺那麼長，而是有 6 處小「傷口」，損壞的總面積僅有 3.7 公尺至 4 公尺。研究人員為了增強這種說法的可信度，利用蒐集到的資料以電腦模擬災難發生的過程，結論為當時進水的 6 個艙室並不是平均進水，有的進水量大，有的進水量小，這說明撞開的洞口有大有小。其實，在當時該船的設計師愛德華·威爾丁（Edward Wilding）已經提出了這個情況，可是這個對當時來說非常重要的言論被有意或無意地忽略了，因為當時的人們很難接受這樣一個事實 —— 一艘設計如此精良的巨輪只撞出 6 個小洞就沉沒了！

　　該船的「受傷」與船體鋼板也有很大關係。1992 年，俄羅斯科學家約瑟夫麥克尼斯博士在文章中寫道：「敲擊聲很脆的船體鋼板，或許使人感到它可以在撞擊下被分解成一塊塊，實際上是從船的側面被打開的口子。」美國科學家對船體鋼板的研究結果呼應前述的看法，當時有許多降低鋼板硬度的硫磺夾雜物，這是造成船體鋼板非常脆的原因。因此，專家

們普遍認為，冰山撞擊可能並不是致命原因，綜合冰山撞擊來得太突然、輪船的速度稍快，再加上鋼板較脆，才是這一悲劇發生的真正原因。

　　一切聽上去都是那麼有憑有據，然而和所有未明真相的事件一樣，鐵達尼號之謎也遠遠未曾結束。2004 年，一個聳人聽聞的言論吸引所有關心和不關心鐵達尼號事件的人們的注意力，英國的羅賓‧加迪諾和安德魯‧牛頓在接受英國電視臺採訪時，揭露鐵達尼號沉船陰謀論 —— 鐵達尼號沉沒事件中遇難的 1,523 名乘客和船員並不是死於天災，而是人禍！他們稱，在鐵達尼號開始它的首航的 6 個月前，即 1911 年 9 月 11 日，鐵達尼號的姊妹船 —— 奧林匹克號在離開南安普頓出海試航時，船舷被嚴重撞毀，勉強回航並停靠到貝爾法斯特港。不幸的是，保險公司以碰撞事件的責任方是奧林匹克號為由拒絕賠償，而奧林匹克號的修理費用異常昂貴，當時的白星輪船公司陷入了嚴重的經濟困境。更糟糕的是，如果 6 個月後鐵達尼號無法按時起航，那麼白星輪船公司將面臨破產。於是白星輪船公司決定把已經損壞的奧林匹克號偽裝成鐵達尼號，並安排了那場海難來騙取一筆鉅額的保險金。原先白星輪船公司安排一艘加利福尼亞號停靠在大西洋的冰山出沒區，準備在事故發生時及時拯救鐵達尼號上的所有人。但導致災難成為事實的最關鍵處是，加利福尼亞號竟然搞錯鐵達尼號的位置和求救訊號，沒有及時趕到沉船地點進行搶救，所以加迪諾、牛頓和其他陰謀論者都認為白星輪船公司的主人 —— 美國超級富翁 J.P. 摩根（J. P. Morgan）是這起保險詐騙陰謀的幕後策劃者。

　　言之鑿鑿，石破天驚。但是許多英國人對此陰謀論嗤之以鼻，其中包括「英國鐵達尼協會」的專家。「英國鐵達尼協會」發言人史蒂夫‧里格比在接受記者採訪時說：「我毫不懷疑，躺在北大西洋海底的船隻正是鐵達尼號。」

　　但是，提出「船隻保險詐騙陰謀」的人指出幾件異常的狀況來證實他們的說法。第一，鐵達尼號曾經突然改變航線，可能是為了與加利福尼亞號進行會合。第二，遭遇冰山後，有人看見大副默多克（Murdoch）跑到高高的船橋上去，可能是為了尋找加利福尼亞號的蹤跡。第三，後來的調查報告顯示，在船員船艙裡竟然沒有雙筒望遠鏡，這代表監控航線的船員很難及時發現冰山。第四，白星輪船公司的總裁 J.P. 摩根本來也計劃乘坐鐵達尼號，但在起航前兩天，他以身體不適為由取消了旅行，可是輪船沉沒後兩天，有人發現他正和法國情婦約會，與他一起取消行程的有 55 人，這些取消行程的人應該都是知曉內幕者。第五，在臨時把奧林匹克號偽裝成鐵達尼號的過程中存在偷工減料，有人發現沉船上的一些救生艇像篩子一樣會漏水。第六，也是最令人匪夷所思的一點，從鐵達尼號遺骸處打撈上來的 3,600 多件物品中，竟然沒有一樣東西上面刻著鐵達尼號的標記。第七，當時出現在大西洋上的加利福尼亞號除了工作人員和 3,000 件羊毛衫和毯子外，船上沒有任何乘客，這也讓人不解。

關於美人魚的傳說 ─────────────

美人魚

　　在 18 世紀中葉，英國倫敦曾經舉辦過轟動英倫三島的美人魚標本展覽。隨後，在美國紐約舉辦了同樣的展覽，也引起全美的轟動。其中一個最著名的標本叫「菲吉美人魚」，經相關領域的科學家查驗，這個美人魚標本是猴子和魚的綜合體。

　　於是，很多人對美人魚是否存在表示懷疑。挪威生物學家埃利克・蓬

托皮丹在《挪威自然史》中說：「他們賦予美人魚優美的嗓音，告訴人們她們是傑出的歌手。顯然，稍有頭腦的人絕不會對這一奇談怪論感興趣，甚至會懷疑這種生物存在的可能性。」埃利克的觀點代表了大多數生物界人士的看法。然而，埃利克的觀點未必正確。

不久前，俄羅斯科學院的維葛雷德博士透露了一個驚人的祕密。1962年，一艘蘇聯的貨船在古巴外海莫名其妙地沉沒了。由於船上載有核飛彈，當時蘇聯派出載有科學家和軍事專家（包括維諾葛雷德博士在內）的探測艦，前去搜尋沉船，試圖撈回核飛彈。

探測艦來到沉船海域，利用水下攝影機巡迴掃描海底。突然，有一個奇異的怪物闖入鏡頭，像是一條魚，又像是一個在水底潛泳的小孩，頭部有鰓，全身裹著密密的鱗片。當她游向攝影機時，用烏黑淘氣的小眼睛望著攝影機，顯得十分好奇。探測船上，圍在螢幕前的科學家和軍事專家們無不驚得目瞪口呆。

為了捕捉這頭怪物，他們把用來捕捉海底生物的一座實驗水槽，沉放在攝影機拍攝範圍內的海床上。沒過多久，怪物再次出現，當她鑽進水槽準備攫取小魚時，艦上的工作人員便迅速地把水槽吊上艦。水槽的門被打開時，先是聽到一陣像海豹似的悲鳴聲，接著又看到一隻綠色小手從槽內伸出。等到把怪物全部拉出水槽時，人們才更清楚地看到，這是一頭 0.6 公尺長的人魚寶寶，全身覆蓋著鱗片，頭部有一道骨冠，雙眼惶恐地瞪視著周圍的人。在場有的人說這是「海底人」，但更多的人認為這就是人們一直在尋找的美人魚。

從古至今，美人魚一直是熱門話題。早在 2,300 多年前，巴比倫的史學家巴羅索斯在《古代歷史》一書中就有關於美人魚的記載。

　　17 世紀時，英國倫敦出版過一本《赫特生航海日記》，其中寫到：美人魚露出海面上的背和胸像一個女人。她的身體與一般人差不多大，皮膚很白，背上披著長長的黑髮。在她潛下水的時候，人們還看到了她和海豚相似的尾巴，尾巴上有像鯖魚一樣的斑點。

　　中國的史書中也不乏關於美人魚的記載。宋代的《祖異記》一書中就對美人魚的形態做了詳細描述；宋太宗時，有一個叫查道的人出使高麗（今朝鮮），看見海面上有一「婦人」出現，「紅裳雙袒，髻髮紛亂，腮後微露紅鬣。命扶於水中，拜手感戀而沒，乃人魚也」。宋代學者徐鉉的《稽神錄》中，也有類似的記載。

　　為探索美人魚是否存在這一研究課題，近幾十年來，海洋生物學家、動物學家和人類學家做了大量的研究，並提出許多假設。

　　挪威的人類學家萊爾・華格納博士認為，美人魚確實存在，「無論是歷史記載還是現代目擊者所說，美人魚都有共同特徵，即頭和上身像人一樣，而下半身則有一條像海豚那樣的尾巴。」

　　此外，據新幾內亞人士所述，美人魚和人類最相似之處就是她們也有很多頭髮，肌膚十分嫩滑，雌性的乳房和人類女性一樣，並抱著小人魚餵母奶。

　　英國海洋生物學家、英國學士院會員安利斯汀・愛特博士則認為，「美人魚可能是類人猿的另一變種，嬰兒出生前生活於羊水之中，一出生就可以游在水裡，因此，一種可以在水中生存的類人猿動物存在，並不是一件十分奇怪的事。」美國也有部分學者贊同這一說法，認為這是目前尚未被證實的「海底人」的一種。

　　中國一些生物學家認為，傳說中的美人魚可能就是一種名叫「儒艮」

（俗稱海牛）的海洋哺乳動物。1970 年代，在中國南海曾多次發現過「美人魚」，有的地方還把照片在展覽上展出，認為是中國首次發現，有重大科學價值。

1975 年，相關研究單位在漁民的幫助下捕到了罕見的「儒艮」。由於牠仍舊用肺呼吸，所以每隔十幾分鐘就要浮出水面換氣。牠的背上長有稀少的長毛，這大概是目擊者錯覺為頭髮的原因。儒艮胎生幼子，並以乳汁哺育，哺乳時用前肢擁抱孩子，母體的頭和胸部露出水面，避免孩子吸吮時嗆到，這大概就是人們看到的美人魚抱孩子的鏡頭。至今，也有不少科學家認為美人魚只是人們的幻覺而已。

大陸漂移

大陸漂移的假說早在 19 世紀初就出現了，最初的提出是為了解釋大西洋兩岸明顯的對應性。直到 1915 年，德國氣象學家阿爾弗雷德・魏格納（Alfres Lothar Wegener）的《大陸與海洋的形成》問世，才引起地質界的關注。在這本不朽的著作中，魏格納根據擬合大陸的外形、古氣候學、古生物學、地質學、古地極遷移等大量證據，提出中生代地球表面存在一個泛大陸，這個超極大陸後來分裂，經過二億多年的漂移形成現在的海洋和陸地。

由於當時受對地球內部構造和動力學的知識侷限，大陸漂移和動力學得不到物理學界的支持。魏格納提出大陸漂移的同時，卻也認為大洋底是穩定不動的。直到他去世的 20 年後，有學者提出海底擴張學說，人們對大陸漂移的興趣才又復萌。

　　早期的世界地圖已清楚地顯示非洲和南美洲相對海岸線的「鋸齒狀擬合」。遠在西元 1801 年，洪堡（Humboldt）及其同時代的著名科學家們已經提出，大西洋兩岸的海岸線和岩石都很相似。魏格納首先提出，應該用深海中的大陸坡邊緣進行大陸擬合，南美、非洲、印度和澳洲的地層兩兩相似，大西洋兩岸所共同擁有的地質現象，更加證明這兩塊大陸曾經是連在一起的。凱里證明，兩個大陸的外形在海面以下 2,000 公尺等深線幾乎完全吻合。布拉德等人藉助電腦計算、模擬，發現無論用 1,000 公尺或 2,000 公尺等深線擬合的結果差別不大。復原擬合的研究證明，各大陸可以透過復原形成一個超級大陸，即魏格納所命名的「泛大陸」，泛大陸是由岡瓦納大陸（南方各大陸加上印度）和勞亞大陸（北美和歐亞）組成的複合古大陸。

　　魏格納首次提出大陸漂移觀點時，許多證據來自他對古氣候的研究。他注意到，各大陸上存在某一地質時期形成的岩石種類出現在現代條件下不該出現的地區，如在極地區出現古珊瑚礁和熱帶植物化石；而在赤道地區發現有古代的冰層。運用將今論古的原則，魏格納把冰川活動的中心放在當時的旋轉極附近，而珊瑚礁和蒸發岩分布的地帶放在赤道附近，用這種方法確定了各大陸當時的古緯度。對古緯度和現代緯度的比較，魏格納得出了大陸漂移的結論。

　　魏格納認為，大陸漂移可以解釋為什麼現代由海洋分隔的各大陸上，動物群和植物群的種類會有相似的情形，例如南美和非洲都能見到的具有類似蠑螈的骨骼構造的淡水爬行動物，這種動物不可能游過大洋；大西洋兩岸的古生代海相無脊椎動物化石組合很相似；南極洲三疊系中有許多陸生爬行動物的化石在其他大陸上同樣存在；二疊紀舌羊齒植物群（一個獨特的植物組合）的種子蕨化石，見於南方的各個大陸和印度。古生物學的

證據曾引起人們眾說紛紜的爭論，迪茨在 1967 年就人們爭論的觀點發表一篇評論，其中有霍爾登所作的幾個富有趣味的圖群。

如今，這些爭論都已成歷史，因為這些都已是較舊的理論。

在北大西洋兩岸的兩塊大陸，有一條非常重大的古山系，被稱為加里東山脈。如今在大西洋東岸的挪威看到的是山系的西段，這條山系通過愛爾蘭以後似乎淹沒在大西洋下。可是在加拿大的紐芬蘭則有一個古山系彷彿從大西洋裡爬上來，它和歐洲的加里東山脈有許多相同之處。這個在北美出現的山系被稱之為老阿巴拉契亞山脈，魏格納認為北美的阿巴拉契亞山脈曾一度和歐洲的加里東山脈相連。如果把大陸拼合在一起，就形成一條連續的山系。

岩石中含有磁性礦物，在地球磁場的影響下，岩石形成時就受到磁化，從而儲存了它們形成時間和地點的地球磁場方向的古地磁紀錄。透過對岩石所記錄的古磁場的傾向和傾角的測量，可以計算岩石形成時地球磁極的位置。

人們從各個大陸不同時代的地層裡測出幾千個古磁極的位置，連接任一大陸不同時期的古磁極的線，就是大陸的視極移曲線。將各大陸視極移曲線比較，調整的結果證明，在 2 億年前的所有大陸曾是一塊共同的大陸 —— 泛大陸。即便假說已經成立，魏格納最後卻因為尋找證據而去世，他的屍體在第二年才被發現。

美國大峽谷 ——————————————

美國大峽谷

　　美國大峽谷位於美國西南部，亞利桑那州西北與猶他州、內華達州交界處凱巴布高原的三角地帶。由於科羅拉多河穿流其中，故又名科羅拉多大峽谷。這一大片隆起的高原，最深處達 1,500 公尺，地形險峻綺麗，地質多由花崗石構成，色彩奪目，大峽谷是科羅拉多河的傑作，科羅拉多河流經大峽谷，將大峽谷分為北峰和南峰。南北峰相距只有十英里，但駕車須繞行 5 小時約 215 英里。這條河發源於科羅拉多州的洛磯山，洪流奔瀉，經猶他州、亞利桑那州，由加州的加利福尼亞灣入海。全長 2,320 公里。「科羅拉多」，在西班牙語中，意為「紅河」，這是由於河中夾帶大量泥沙，河水常顯紅色，故名。它是聯合國教科文組織選為受保護的天然遺產之一。

　　科羅拉多大峽谷的形狀極不規則，大致呈東西走向，總長 349 公里，蜿蜒曲折，像一條桀驁不馴的巨蟒，匍伏於凱巴布高原之上。它的寬度在 6 公里至 25 公里之間，峽谷兩岸北高南低，平均谷深 1,600 公尺，谷底寬度 762 公尺。科羅拉多河在谷底洶湧向前，形成兩山壁立，一水中流的壯觀，其雄偉的地貌，浩瀚的氣魄，懾人的神態，奇突的景色，世無其匹。1903 年美國總統狄奧多·羅斯福（Theodore Roosevelt）來此遊覽時，曾感嘆地說：「大峽谷使我充滿了敬畏，它無可比擬，無法形容，在這遼闊的世界上，絕無僅有。」

巨人之路

在英國北愛爾蘭的安特里姆平原邊緣的岬角，沿著海岸的懸崖的山腳下，大約有 3.7 萬多根六邊形、五邊形或四邊形的石柱從峭壁伸至海面，數千年如一日的屹立在大海之濱，被稱為「巨人之路」。

巨人之路海岸包括低潮區、峭壁以及通向峭壁頂端的道路和一塊高地，峭壁平均高度為 100 公尺。巨人之路是這條海岸線上最具有特色的地方，這三萬七千多根大小均勻的玄武岩石柱聚整合一條綿延數公里的堤道，形狀很規則，看起來好像是人工鑿成的。大量的玄武岩柱石排列在一起，形成壯觀的玄武岩石柱林。它們以井然有序、美輪美奐的造型，磅礡的氣勢令人嘆為觀止。「巨人之路」是世界自然奇觀，屬於世界自然遺產，也是北愛爾蘭著名的旅遊景點。

組成巨人之路的石柱橫截面寬度在 3 至 51 公分之間，典型寬度約為 0.45 公尺，延續約 6,000 公尺長。岬角最寬處寬約 12 公尺，最窄處僅有 3、4 公尺，這也是石柱最高的地方。在這裡，有的石柱高出海面 6 公尺以上，最高者可達 12 公尺左右。也有的石柱隱沒於水下或與海面一般高。

站在一些比較矮小的石塊上，可以看到它們的截面都是很規則的正多邊形。依據不同石柱的形狀，它們分別有特殊的名稱以符合外型，如「煙囪管帽」、「大酒缽」和「夫人的扇子」等。

巨人之路又被稱為巨人堤或巨人岬，這個名字起源於愛爾蘭的民間傳說。一種說法說「巨人之路」是由愛爾蘭巨人芬‧麥庫爾建造的，他把岩柱一個又一個地運到海底，那樣他就能走到蘇格蘭去與其對手芬‧蓋爾交戰。當麥庫爾完工時，他決定休息一會。而同時，他的對手芬‧蓋爾決定穿越愛爾蘭來估量一下他的對手，卻被麥庫爾那巨大的身軀嚇壞了。尤其

是麥庫爾的妻子告訴他，麥庫爾是巨人的孩子之後，蓋爾在考慮這小孩的父親該是怎樣的龐然大物時，也為自己的生命擔心。他匆忙地撤回蘇格蘭，並毀壞了其身後的堤道，以免芬‧麥庫爾走到蘇格蘭，現在殘餘的堤道都位於安特里姆海岸上。

另一種說法中，巨人之路是愛爾蘭國王軍的指揮官──巨人芬‧麥庫爾為了迎接他心愛的女子而特別修建的。傳說愛爾蘭國王軍的指揮官巨人芬‧麥庫爾力大無窮，一次在與蘇格蘭巨人的打鬥中，他隨手拾起一塊石塊，擲向逃跑的對手。石塊落在大海裡，就成了今日的巨人島。後來他愛上了住在內赫布里底群島的巨人女子，為了接她到這裡來，才建造這一條堤道。

從空中俯瞰，巨人之路這條赭褐色的石柱堤道在蔚藍色大海的襯托下，格外醒目，惹人遐思。但是是什麼樣的鬼斧神工造就了這舉世聞名的奇觀呢？

現代地質學家們透過研究其構造，揭開了「巨人之路」之謎，「巨人之路」實際上完全是一種天然的玄武岩。白堊紀末，雛形期的北大西洋開始持續地分裂和擴張，大西洋中脊就是分裂和擴張的中心，也是分離的板塊邊界。上地函的岩漿從中脊的裂谷中上湧，覆蓋著大片地域，熔岩層層相疊。

當時，北大西洋的主體位置已定，但它的邊界則處在形成和變化階段。北美大陸與亞歐大陸雖已分離，但現已分離的北美大陸和歐洲之間新形成的海道依然處在發展之中。大約八千多萬年前，格陵蘭的西海岸與加拿大分離，但東南海岸仍與對面的不列顛群島西北的海岸緊緊相連。大約二千多萬年後，這些海岸開始分離。這一系列的地質變遷，導致大西洋兩

岸地殼運動劇烈，火山噴發頻繁。現在的斯凱島、拉姆島、馬爾島和阿倫島上，以及在蘇格蘭本島的阿德納默亨角，和南部的愛爾蘭的斯利夫‧加利翁、克利夫登和莫恩均有大的火山。這些古老的火山在其初期時景色一定十分壯觀，但關於當時的情況所留下最重要的紀錄就是洪水、高原和玄武岩。

大約五千多萬年前（即第三紀），在現在的蘇格蘭西部內赫布里底群島一線至北愛爾蘭東部火山非常活躍，現今愛爾蘭和蘇格蘭兩島的熔岩高原就是當時大規模的熔岩流形成的。噴發出來的玄武岩是一種特別灼熱的流體熔岩，有記載，它的下坡流速每小時超過 48,000 公尺。流體熔岩較容易散布於很大的面積，於是就有「氾濫玄武岩」這一用詞。它們形成的大塊熔岩遍布整個火山活動區。在印度的德干高原也有類似的地質情況，在 4,000 萬至 6,000 萬年前，德干高原形成了 70 萬立方公里的玄武岩熔岩。

一股股玄武岩熔岩從地殼的裂隙湧出，像河流一樣流向大海，遇到海水迅速冷卻變成固態的玄武岩並收縮、結晶，岩漿的凝固過程中發生了爆裂，而且收縮力非常平均，於是就形成了規則的柱狀體圖案，這些圖案通常成六角柱。這種過程有點像泥潭底部厚厚的一層淤泥在陽光的曝晒下龜裂時的情景。玄武岩熔岩石柱的主要特點是裂縫直上直下伸展，水流可以從頂部通到底部。結果就形成了獨特的玄武岩柱結構，所有的玄武岩柱不可思議的併在一起，其間僅有極細小的裂縫。由於火山熔岩是在不同時期分五、六次噴發的，因此峭壁了形成多層次的結構。

「巨人之路」是柱狀玄武岩石這一地貌的完美的表現。這些石柱構成一條有石階的石道，寬處又像密密的石林。巨人之路和巨人之路海岸，不僅是峻峭的自然景觀，也為地球科學的研究提供了寶貴的資料。

　　賈恩茨考斯韋角的玄武岩石柱自形成以來的千萬年間，受大冰期的冰川侵蝕及大西洋海浪的沖刷，逐漸被塑造出高低參差的奇特景觀。每根玄武岩石柱其實是由若干塊的六角狀石塊疊合在一起組成的，波浪沿著石塊間的斷層線把暴露的部分逐漸侵蝕掉，石柱在不同高度處被截斷，把鬆動的搬運走，導致巨人之路呈現臺階式外貌的雛形，經過千萬年的侵蝕、風化，最終形成玄武岩石堤的階梯狀效果。

　　巨人之路的「親戚」遍及天涯海角，其他地方也能看見與「巨人之路」類似的柱狀玄武岩地貌景觀，如蘇格蘭內赫布里底群島的斯塔法島、冰島南部、中國江蘇六合縣的柱子山等，但都不如巨人之路那麼完整和壯觀。

　　比如在蘇格蘭西海岸外的內赫布里底群島的斯塔法島上，也有一個玄武岩石柱群。玄武岩石柱在島上大部分地區均非常壯觀，有一個很有名的巨大岩洞 —— 即芬戈爾洞，幾個世紀來在詩歌和小說中均有文字描述它。而作曲家費利克斯・孟德爾頌（Felix Mendelssohn）在西元 1829 年去該島的一次訪問中，被眼前的美景激發出靈感，創作了現在被稱作《內赫布里底群島》的著名管絃樂前奏曲。

東非大裂谷

　　東非大裂谷是世界大陸上最大的斷裂帶，從衛星照片上看去猶如一道巨大的傷疤。這條裂谷帶位於非洲東部，南起贊比西河口一帶，向北經希雷河谷至馬拉維湖（尼亞薩湖）北部後分為東西 2 支：東支裂谷帶沿維多利亞湖東側，向北經坦尚尼亞、肯亞中部，穿過衣索比亞高原入紅海，再由紅海向西北方向延伸至約旦谷地，全長近 6,000 公里。這裡的裂谷寬度

較大，谷底大多比較平坦。裂谷兩側是陡峭的斷崖，谷底與斷崖頂部的高低落差從幾百公尺到 2,000 公尺不等。西支裂谷帶大致沿維多利亞湖西側由南向北穿過坦噶尼喀湖、基伍湖等一串湖泊，向北逐漸消失，規模比較小。東非裂谷帶兩側的高原上分布眾多火山，如吉力馬札羅山、肯亞山、尼拉貢戈火山等，谷底則有呈串珠狀的湖泊約 30 多個。這些湖泊多狹長水深，其中坦噶尼喀湖南北長 670 公里，東西寬 40 公里至 80 公里，是世界上最狹長的湖泊，平均水深達 1,130 公尺，僅次於北亞的貝加爾湖，為世界第二深湖。

在 1,000 多萬年前，地殼的斷裂作用形成了這一巨大的陷落帶。板塊構造學說認為，這裡是陸塊分離的地方，即非洲東部正好處於地函物質上升流動強烈的地帶。在上升流作用下，東非地殼抬升形成高原，上升流向兩側相反方向的分散作用使地殼脆弱部分張裂、斷陷而成為裂谷帶。張裂的平均速度為每年 2 公分至 4 公分，這一作用至今一直持續不斷地進行著，即裂谷帶仍在不斷地向兩側裂開。因東非大裂谷地殼運動較活躍，是非洲地震最頻繁、最強烈的地區，亦有許多火山。

東非大裂谷是縱貫東部非洲的地理奇觀，是世界上最大的斷層陷落帶，有地球的傷疤之稱據說由於約三千萬年前的地殼板塊運動，非洲東部地層斷裂而形成。相關地理學家預言，未來非洲大陸將沿裂谷斷裂成兩個大陸板塊。

東非大裂谷分東西兩支。東支南起莫三比克境內西雷河口，向北穿越肯亞全境，一直延伸到西亞的約旦河岸，全長 5,800 公里（一說 6,500 公里）。其中以肯亞境內的一段具有最顯著的地貌特徵，這段峽谷長約 800 多公里，寬 50 至 100 公里，深 450 至 1,000 公尺。裂谷兩側斷層崖壁陡峻，像築起的兩道高牆，谷深達幾百公尺至 2,000 公尺，高低差相當懸

殊，首都奈洛比就坐落在裂谷南端的東牆上。茂密的原始森林覆蓋著群山，無數熱帶野生動物生活在群山的懷抱，一座座高大的死火山屹立在群山之中，在火山熔岩中蘊藏著大批古人類、古生物化石，是地質學、考古學、人類學的寶貴研究資料。裂谷底部是一片開闊的原野，20多個狹長的湖泊，有如一串串晶瑩的藍寶石，散落在谷地。中部的納瓦沙湖和納庫魯湖是鳥類等動物的棲息之地，也是重要的遊覽區和野生動物保護區，其中的納瓦沙湖湖面海拔 1,900 公尺，是裂谷內最高的湖。南部馬加迪湖產天然鹼，是重要礦產資源。北部圖爾卡納湖是人類發祥地之一，曾在此發現過 260 萬年前古人類頭蓋骨化石。因此非洲起源說是目前的主流學說，科學家在東非大裂谷地帶發現了大量的早期古人類化石，尤其「露西」的骨架化石同時呈現了人、猿的形態結構特點。

裂谷地帶雨量充沛，土地肥沃，是肯亞主要的農業區。東非大裂谷帶湖區，河流從四周高地注入湖泊，湖區雨量充沛，河網稠密，馬隆貝湖、馬拉維湖為南部湖泊。北距馬拉維湖南口僅 19 公里，長 29 公里，寬 14.5 公里，面積 420 平方公里，水深 10 至 13 公尺。地處東非大裂谷南段，希雷河流貫。原為馬拉維湖一部分，因水面下降而分出。富水產，漁業發達。有通航之利。

在肯亞境內，裂谷的輪廓非常清晰，它縱貫南北，將這個國家劈為兩半，恰好與橫穿全國的赤道相交叉，因此，肯亞獲得了一個十分有趣的稱號 ——「東非十字架」。裂谷兩側，斷壁懸崖，山巒起伏，猶如高聳的兩堵牆。登上懸崖，放眼望去，只見裂谷底部松柏疊翠、深不可測，那一座座死火山就像拋擲在溝壑中的彈丸，串串湖泊宛如閃閃發光的寶石。裂谷右側的肯亞山，海拔 5,199 公尺，是非洲第二高峰。

這一帶是東非大平原，也是非洲地勢最高的地主，氣候溫和涼爽，雨

量充沛，山清水秀，物產豐富，盛產茶葉、咖啡、水果、除蟲菊、俞麻等。在這裡，一年可以採摘兩次咖啡豆，茶葉一年內有 9 個多月可以每半個月採摘一次，除蟲菊全年中可以每 10 天至 14 天採摘一次，而俞麻成熟後天天可以收割。

東非大裂谷還是一座巨型天然蓄水池，非洲大部分湖泊都集中在這裡，大大小小約有 30 個，例如阿貝湖、沙拉湖、圖爾卡納湖、馬加迪湖、（位於東、西兩支裂谷帶之間高原面上）維多利亞湖、基奧加湖等，屬陸地區域性凹陷而成的湖泊，湖水較淺，維多利亞湖為非洲第一大湖。馬拉維湖長度相當於其最大寬度 7 倍，最深達 706 公尺，為世界第四深湖，坦噶尼喀湖長度相當於其最大寬度的 10.3 倍，最深處達 1,470 公尺，為世界第二深湖。這些湖泊呈長條狀展開，順裂谷帶連成串珠狀，成為東非高原上的一大美景。

這些裂谷帶的湖泊，水色湛藍，遼闊浩蕩，千變萬化，不僅是旅遊觀光的勝地，而且湖區水量豐富，湖濱土地肥沃，植被茂盛，野生動物眾多，大象、河馬、非洲獅、犀牛、羚羊、狐狼、紅鶴、禿鷲等都棲息於此。坦尚尼亞、肯亞等國政府，已將這些地方闢為野生動物園或者野生動物自然保護區，比如位於肯亞峽谷省省會納庫魯近郊的納庫魯湖，是一個鳥類資源豐富的湖泊，共有鳥類 400 多種，是受肯亞政府高度保護的國家公園。在眾多的鳥類之中，有一種名叫佛朗明哥的鳥，被稱為世界上最漂亮的鳥，一般情況下，有 5 萬多隻火烈鳥聚集在湖區，最多時可達到 15 萬多隻。當成千上萬隻鳥兒在湖面上飛翔或者在湖畔棲息時，遠遠望去，一片紅霞，十分好看。

有許多人在沒有見東非大裂谷之前，憑他們的想像認為一定是一條狹長、黑暗、陰森、恐怖的斷層，其間荒草漫漫，怪石嶙峋，杳無人煙。實

際上當你來到裂谷之處，展現在眼前的完全是另外一番景象：遠處，茂密的原始森林覆蓋著連綿的群峰，山坡上長滿了盛開著的紫紅色、淡黃色花朵的仙人濱、仙人球；近處，草原廣袤，翠綠的灌木叢散落其間，野草青青，花香陣陣，草原深處的幾處湖水波光閃，山水之間，白去飄蕩。裂谷底部，平平整整，坦坦蕩蕩，牧草豐美，林木蔥蘢，生機盎然。

此時此刻，你就會真正感到，只有親臨裂谷之巔，才能切身體驗到自然界這種舉世無雙的奇秀景色，感受天地之廣闊，氣象之萬千。

東非大裂谷是怎樣形成的呢？據地質學家們考察研究認為，大約3,000萬年以前，由於強烈的地殼斷裂運動，使得與阿拉伯古陸塊相分離的大陸漂移運動而形成這個裂谷。那時候，這一地區的地殼處在大運動時期，整個區域出現抬升現象，地殼下面的地函物質上升分流，產生強大的張力，正是在這種張力的作用之下，地殼發生大斷裂，從而形成裂谷。由於抬升運動不斷的進行，地殼的斷裂不斷產生，地下熔岩不斷的湧出，漸漸形成了高大的熔岩高原。高原上的火山則變成眾多的山峰，而斷裂的下陷地帶則成為大裂谷的谷底。

據地球科學專家勘探資料分析，認為東非裂谷帶存在著許多活火山，抬升現象迄今仍然在不停地向兩翼擴張，雖然速度非常緩慢，近200萬年來，平均每年的擴張速度僅僅為2至4公分，但如果依此不停擴張下去，在未來的某一天，東非大裂谷終會將它東面的陸地從非洲大陸分離出去，產生一片新的海洋以及眾多的島嶼。

東非大裂谷還是人類文明最早的發祥地之一，1950年代在東非大裂谷東支的西側、坦尚尼亞北部的奧杜韋谷地，發現了一具史前人的頭骨化石，據測定分析，生存年代距今足有200萬年，這具頭骨化石被命名為

「東非勇士」，即「東非人」。1972 年，在裂谷北段的圖爾卡納湖畔，挖掘出一具生存年代已經有 290 萬年的頭骨，其形態與現代人十分近似，被認為是已經完成從猿到人過渡階段的典型的「巧人」。1975 年，在坦尚尼亞與肯亞交界處的裂谷地帶，發現了距今已經有 350 萬年的「巧人」遺骨，並在硬化的火山灰燼層中發現了一段延續 22 公尺的「巧人」足印。這說明，早在 350 萬年以前，大裂谷地區已經出現能夠直立行走的人，屬於人類最早的成員。

在東非大裂谷地區的這一系列考古發現證明，昔日被西方殖民主義者說成的「野蠻、貧窮、落後的非洲」，實際上是人類文明的搖籃之一，是一塊擁有光輝燦爛古代文明的土地。

雲海

雲海是山嶽風景的重要景觀之一，所謂雲海，是指在一定的條件下形成的雲層，且雲頂高度低於山頂高度，當人們在高山之巔俯視雲層時，看到的是漫無邊際的雲，如臨於大海之濱、波起峰湧，故稱這一現象為「雲海」。日出和日落的時候所形成的雲海五彩斑斕，稱為「彩色雲海」，最為壯觀。

峨眉山雲海：峨眉山的雲海是由低雲組成，上半年以層積雲為主，下半年以積狀雲和層積雲相合而成；峨眉山的霧日年平均為 322 天，甚至多達 338 天；這低雲多霧匯成的雲海，所以和其他地方的雲海就大不相同了。峨眉山的七十二峰，大多是在海拔 2,000 公尺以上，峰高雲低，雲海中浮露出許多島嶼，雲騰霧繞，宛若佛國仙鄉；雲濤人才輩出，白浪滔滔，這些島嶼化若浮舟，又像是「慈航普渡」。

　　黃山雲海：雲海是黃山第一奇觀，黃山自古就有「黃海」之稱。黃山的「四絕」中，首推的就是雲海了，由此可見，雲海是裝扮這個「人間仙境」的神奇美容師。山以海名，誰曰不奇？奇妙之處，就在似海非海，山峰雲霧變化萬千！按地理分布，黃山可分為五個海域：蓮花峰、天都峰以南為南海，也稱前海；玉屏峰的文殊臺就是觀前海的最佳處，雲圍霧繞，高低沉浮，亦所謂「自然彩筆來天地，畫出東南四五峰」。獅子峰、始信峰以北為北海，又稱後海。獅子峰頂與清涼臺，既是觀雲海的佳處，也是觀日出的絕佳位子。空氣環流，瞬息萬變，曙日初照，浮光躍金，更是豔麗不可方物。白鵝嶺東為東海，於東海門迎風佇立，可一覽雲海縹緲。丹霞峰、飛來峰西邊為西海，理想觀賞點乃排雲亭，煙霞夕照，神為之移。光明頂前為天海，位於前、後、東、西四海中間，海拔 1,800 公尺，地勢平坦，雲霧從足底升起，雲天一色，故以「天海」名之。若是登臨黃山三大主峰（蓮花、天都、光明頂），則全部五海，可縱覽無遺。

　　黃山每年平均有 255.9 霧日，一般來說，每年的 11 月到第二年的 5 月是觀賞黃山雲海的最好季節，尤其是雨雪天之後，逢日出及日落之前，雲海最為壯觀。

　　黃山雲海不僅是一種獨特的自然景觀，而且還把黃山峰林裝扮得猶如蓬萊仙境，令人置身其中時彷彿進入奇幻世界。當雲海上升到一定高度時，遠近山巒，在雲海中出沒無常，宛若大海中的無數島嶼，時隱時現於「波濤」之上。貢陽山麓的「五老盪船」在雲海中顯得尤為逼真；西海的「仙人踩高蹺」，在飛雲瀰漫舒展時，現出移步踏雲的奇姿；光明頂西南面的茫茫大海上，一隻維妙維肖的巨龜向著陡峭的峰巒前進，原來那「龜」是在雲海上露出的山尖。唯有飄忽不定的雲海在高度、濃淡恰到好處時才能產生如此奇妙的景象，對遊客來說，這是一種巧妙的偶遇。霞海出現

時，則天上閃爍著耀眼的金輝，群山披上了斑斕的錦衣，璀璨奪目，瞬息萬變。雲海表現出來的種種動態美，豐富了山水風景的表情和神采。黃山的奇峰、怪石只有依賴飄忽不定的雲霧的烘托，才顯得撲朔迷離，怪石愈怪，奇峰更奇，增添了大自然誘人的魅力。

黃山峰石在雲海中時隱時現，似真似幻，使人感到一種縹緲、仙境般的美。雲海中的景物往往若隱若現，模模糊糊，令觀者捉摸不定，於是產生幽邃、神祕、玄妙之感，呈現出一種朦朧的美。峰石的實景和雲海的虛景絕妙的配合，一片煙水迷離之景，是詩情、是畫意、是含蓄的美，它給人留有馳騁想像的餘地。煙雲飄動，山峰似乎也在移動，變幻無常的雲海也讓風景改變。行雲隨山形呈現出多姿的形態，山形則必然與行雲發生位移而活，它們既對立而又統一，動由靜止，靜由動活，不可分割。這種動靜交錯轉化，就是美學上形式美法則高階形式「多樣統一」的表現之一。因此，旅遊時應該學會從動靜對比，虛實相濟，變化和統一等方面掌握雲氣景色的美。

寧武天池

天池

天池古稱祁蓮池，也叫「母海」，唐代曾在此設立天池牧監，為朝廷飼牧軍馬，故又稱馬營海。位於寧武縣城西南 20 公里海拔 1,954 公尺的管涔山麓地馬營村北，是一處高山群湖，桑乾河和汾河分水嶺上的東莊村附近。這裡有天池、元池、琵琶海、鴨子海、小海子、乾海、嶺乾海、雙海、老師傅海等大小天然湖泊，共計 15 個，長 1.6 公里，寬 1 公里，總

面積約 4 平方公里，處於海拔 1,771 至 1,849 公尺之間，蓄水量 800 萬立方公尺，水深 20 餘公尺，池裡有草魚、鯉魚、鯽魚、鱮魚等水生動物。

天地湖群，高山環繞，樹木掩映，湖水清澈，像一塊晶瑩碧綠的寶石鑲嵌於高山之巔。天池形成於新生代第四紀冰川期，距今有 300 萬年的歷史了。它是中國三大高山之一，為罕見的高山湖泊湖。

天池最早成為遊覽勝地的時間，可追溯到戰國時期，距今大約 2,300 多年，而天池正式闢為皇家遊覽觀光勝地是在北魏時期。據說，北魏的孝文帝曾用金珠穿了七條魚放入天池，看是否與桑乾河連通。他又曾用箭射中池中的飛鯨，這兩者後來都在百里之外的桑乾河獲得。隋唐時期，天池遊覽觀光到了鼎盛時期。隋煬帝曾環天池建築了規模盛大的汾陽宮；唐貞元 15 年，在天池周圍設皇家牧監，每年牧戰馬 70 萬匹，故天池又有馬營海之稱。

二千多年過去了，天池仍以她那「陽旱不涸、陰霖不溢、澄清如鏡」的秀麗迎接來自四面八方的遊客。

隨著旅遊業的不斷發展，天池這顆被古人列為寧武古八景之首、題名為「天池錦鱗」或「天池霞映」的寶珠，現已開闢為中國省級旅遊風景名勝區。

天池最早的記載見於《山海經》、《水經注》中。之後在《資治通鑑》、《隋書》、《唐書》、《三關志》、《晉問》等典籍中均有記載。早在《山海經》中記載的兩處天池，其中之一就是寧武天池，從古至今就是人們避暑、觀光、狩獵的勝地。盛夏沐浴天池之濱的習習清風，觀賞汾源勝地的美麗美景，令人心曠神怡。天池在元池、琵琶海、鴨子海、老師傅海、裡乾海、外乾海、小海等十多處高山湖泊映襯下如群星拱月，別具一番風姿。

　　元海在天池北邊五公里的山顛上，四周是石壁天險，形狀像個玉盤，被凌空托起，頗具猛將風格，俗稱「公海」。池西的一座石峰，飛掛在峭壁上，落差有 500 公尺。元海是恢河的發源地，東和南兩面是廣闊無垠的高山牧場。

　　琵琶海離天池不到一公里，比天池高出十多公尺，形狀像個琵琶，海水清澈，天光雲影，遠山近嶺倒映在水中。據說有一種青色的靈鳥，每當落葉枯枝飄入水中，便飛去嗛出，以保碧水永遠清澈。

　　離天池東岸三公里處，是一片起伏的金色沙洲。據說，它下面埋藏著一個叫南莊子的村莊。遠遠望去，有 20 多公尺高，和綠色的牧場形成鮮明的對比。

　　元海和琵琶海附近的山坡上，常能見到圓塔型石堆，一層層的薄石片是由麻頁岩風化而成的，在天池和元海之間還能見距今 300 萬年前的冰臼。

　　與天地為伴的元池（亦稱公海），面積 0.36 平方公里，水深 15 公尺左右，蓄水 540 萬立方公尺。

　　天池風光秀麗，池中盛產鯉魚。炎夏鯉魚騰躍水面，泛起層層漣漪，波光粼粼，被稱為「天池錦鱗」一景。天池以其神奇迷人的風光，吸引著歷代帝王公卿、騷人墨客。隋大業四年（西元 608 年），隋煬帝楊廣北方巡遊、狩獵，於天池邊修建了規模宏偉華麗的汾陽宮。大業十一年（西元 615 年），隋煬帝攜文武臣僚宮娥綵女約十萬餘人，浩浩蕩蕩來天池避暑、遊獵，極享天池勝景。內史侍郎薛道衡在宴會上即興賦詩〈隨駕天池應詔〉一首：「上聖家寰宇，威略振邊陲。人維窮眺覽，千里曳旌旗。駕黿臨碧海，控驥踐瑤池。曲浦騰煙霧，深浪駭驚螭。」可惜這座行宮於隋大業

十三年（西元 617 年）被劉武周攻毀。這碧波盪漾的美妙之地，也曾是歷代文人遊覽的地方。據傳歐陽修、范仲淹等皆來此遊樂覽勝，盛讚天池美景。元代詩人元好問則留下這樣的絕句：「天地一雨洗氛埃，令晉堂堂四望開。不上朝允峰北頂，真成不到此山來。」天池的古建築雖已遭破壞，然天池的秀麗風景卻與日月共存。當地百姓珍惜這塊神聖的土地，每年農曆六月十五日在天池之濱舉行傳統的古廟會。近年來，寧武縣社會各界集資在天池之濱修復了盛唐時的海瀛寺，在天池增設了遊艇、遊船、垂釣、風景攝影等多種遊樂設施，新植了松柏林帶，修建了直達池濱的公路，開展了以天地勝景為中心，輻射管涔山名勝景區蘆芽山、汾源靈沼、小懸空寺、萬佛洞、萬年冰窖、支鍋奇石、寧武關樓、古長城等旅遊活動項目，遊覽天池的盛況正日勝一日。

彩虹橋 ————————————————————

彩虹橋不僅是世界上已知最大的天然橋，也是自然界具有最完美形態和色彩的傑作之一，它橫跨在美國猶他州紅岩沙漠區的峽谷之上。

該橋的頂部是一段幾乎完整的四分之一圓弧，它從山峽一側峭壁邊緣向上伸展，在另一側逐漸向下彎到峽谷底部，橋身內側平滑彎曲，好像一個茶杯柄。

這座優美、雅緻的天然橋長 94 公尺，跨越 85 公尺寬的峽谷。橋頂寬 10 公尺，足夠築成一條馬路，從底部到頂部有 88 公尺，差不多有 3 個倫敦特拉法加廣場上納爾遜圓柱高度，或者說其高度足以容下美國華盛頓特區的國會大廈。

居住在該區的納瓦霍人又把這座壯麗的自然形成之物叫做「彩虹橋」，因為它的形狀像橋且具有粉紅、淡紫的特殊色彩，而且等到太陽快下山時又變成了紅色和褐色，變成了蓋上彩虹色彩的石頭。他們認為彩虹是宇宙的守衛，所以把該橋視為聖地。

在 1963 年以前人們只能沿一條 20 公里長且不平整的坡道走到橋上，後來格倫峽水壩建成，它將科羅拉多河的水位抬高，並將通往該河的 91 處峽谷用水灌滿。於是，現在人們可以乘船直抵距離該大橋數公尺近之處。

第七章
動物世界裡的妙趣

哺乳類動物 ────────────────

狼

　　狼起源於新大陸，距今約五百萬年 ── 在人類興盛以前，狼曾是世界上分布最廣的的野生動物，廣泛分布於歐、亞、美洲，僅是北美地區，狼的種類已多達 23 種，亞種之多，不勝列舉……

　　狼屬於犬科動物，形態與狗很相似，只是眼較斜，口稍寬，尾巴較短且從不捲起並垂在後肢間，耳朵豎立不曲，有尖銳的犬齒。視覺、嗅覺和聽覺十分靈敏，狼的毛色有白色、黑色、雜色……各不相同。狼體重普遍有 40 多公斤，連同 40 公分長的尾巴在內，平均身長 154 公分，肩高有一公尺左右，母狼比公狼的身材小約 20%。

　　狼基本上是肉食動物，食量很大，一次能吞吃十幾公斤肉，夏季也偶爾吃點青草、嫩芽或漿果，但較常吃的食物是野兔、鼠類、河狸，間或還能捕到小鳥。

狼的家族

　　解剖學家和行為主義者已經對家犬的起源詳細研究了 100 多年，現在普遍認為：狼是家犬的直接祖先。在所有犬屬家族成員中，狼的社會組織、體型與皮毛顏色均有很大變化。狼是陸地哺乳類中分布最廣的動物，直到人類大量捕殺，其數量開始銳減。可以很有把握的假設，善於捕捉機會且以腐肉為食的狼與人類居住至少有 4 萬年，自從有了人類，牠們便吃人類丟棄的食物或偷吃。每當人類在北半球區域內遷移，狼群也跟隨而至。

狼的生活習性

狼可以群集或單獨活動，狼群的大小變化很大，常因季節和捕食的情況不同而改變，例如：在繁殖季節聚集成較小的狼群；冬季在北美泰加林區，狼會組成較大群捕食有蹄類，夏季則會以規模較小的狼群生活。在阿拉斯加，最大狼群達 36 隻，但一般不超過 20 隻，中國最多一群達 21 隻。狼的棲息環境多樣，如苔草、冰原、草原、森林和荒漠都有其足跡，領域範圍達 160 至 350 平方公里。狼的食物種類繁多，凡是能捕到的動物都是其食物，也包括兩棲類和昆蟲等小型動物。狼偶爾也會吃植物性食物，但狼還是較偏好吃野生和家養的有蹄類。

狼的繁衍與哺育

一般情況下，一個狼群有大約七到十隻狼，2 至 3 月為主要交配期，妊娠時間 60 至 63 天。一隻公狼擔任首領，這隻公狼有一個固定的配偶，牠們負責繁衍後代，但哺育幼狼是狼群共同的責任。母狼在產下幼狼之後，一般要在狼穴中待一段時間，以哺乳和保護幼狼。這段時間，公狼和其他的狼就會為母狼叼來食物，確保母狼的身體健康和奶水充足。但母狼並不讓家族的其他成員靠近幼狼，即使是幼狼的父親也不例外。一旦牠們靠近幼狼，母狼就會發出憤怒的嚎叫，那代表母狼對幼狼深深的愛。其他的家庭成員們只是將覓得的食物放在洞口，以備母狼食用，母狼短時間離開巢穴只是為了飲水和排泄。母狼也經常用舌頭舔拭幼狼的全身，為幼狼擦洗身上的汙穢，就像母親為嬰兒換尿布、洗澡一樣。

狼群

狼群就是一個狼的家庭，通常包括一對成年的狼和牠們的後代，有時牠們的親族也會加入。狼群隨著一窩窩幼狼的出生逐年擴大，至第二年，這個狼群便會有 6 至 9 個成員了，幼狼會在這個家庭一直待到成年。長大以後便離開家族去尋找自己的伴侶，然後組成另一個家庭。這樣，狼群就不會變得太大。當食物較充足時，有些較大的幼狼則會和其父母一直生活下去；然而，一旦獵物變少，成年的狼就會自行離開家庭。

狼的配偶

一隻孤獨的公狼和一隻孤獨的母狼在尋找伴侶時相遇，一個「狼家」便很可能形成。如果牠們都很喜歡對方，便會以搖尾巴、撞鼻子的方式向對方發出求愛訊號，然後依偎在一起表示同意。這種行為稱為「定親」，定親可能發生在一年當中的任何時候。

物種特徵

狼是犬科中體型最大者，外形似狼犬，體長 150 至 205 公分，肩高 50 至 70 公分，體重 26 至 79 公斤。四肢矯健，適於奔跑；吻部略尖；耳廓直豎；尾毛長而蓬鬆。上半身以灰棕和淺灰色居多，另有淺黃、暗黃、純黑和白色者。腹部和四肢內側白色，但四肢內側以及腹部毛色較淡，肩部和尾端黑毛較多，毛色常因棲息環境不同和季節變化而有差異。前足 5 趾，後足 4 趾。

虎

　　老虎是貓科動物中體形最大的哺乳動物，老虎的皮呈褐紅色，腹部呈白色，尾巴黑白相間，不同亞種的老虎膚色可能有差別。頭、身體、尾巴和腿上都有狹窄的黑色、褐色或者灰色的條紋。老虎的腿部肌肉發達，後腿比前腿長，有利於跳躍，爪長而有力，有很強的握力。

　　現代的虎、獅、豹在外形上很容易區別，虎身上布滿條紋，豹身上布滿斑紋，獅子身上則條紋和斑紋均無，雄獅頭上有鬃毛。但是如果以骨骼來判斷，則很難區別。因此，要弄清楚虎的起源，就必須依靠顱骨化石，尤其是牙齒化石。

　　老虎的分布範圍可按棲息地及獵物的分布情況而不同，以印度的分布地為例，面積只有五百至一千平方公里，範圍最大的分布地位於西伯利亞東部，約有一萬零五百平方公里。

　　虎是最大的貓科動物，老虎跟其他貓類不同之處，在於牠們擅於游泳，以往曾拍攝到一隻老虎游泳可以長達二十九公里。

　　在 20 世紀，地球上原本還生活著 8 個虎亞種，但在人類過度的捕殺之下，有三個亞種相繼滅絕，另幾個亞種陷入瀕危，其中中國特有的華南虎恐怕已在野外滅絕了。

鼠

　　鼠是齧齒目部分動物的通稱。牠們的主要特徵是無犬齒，門牙很發達，而且會繼續生長，需要透過啃咬來磨短門牙。鼠的種類很多，繁殖迅速，會危害農林草原，盜吃糧食，破壞建築物，傳播疾病等。

鼠分家鼠和野鼠。家鼠又分為黑家鼠、黃胸鼠、褐家鼠和小家鼠等四種。其中褐家鼠最普遍，牠又稱溝鼠、大家鼠、挪威鼠，體長約 16 至 20 公分，背毛棕褐色，腹毛灰白色，鼻端鈍圓，耳短而厚，尾較粗，尾長短於體長。褐家鼠主要在夜間活動，以清晨、黃昏活動最頻繁，而野鼠中的黃鼠和旱鼠則主要在白天活動。

鼠的飲食習慣會因為鼠種、食物來源和環境而不同。野鼠嗜食植物的種子、莖葉及蔬菜瓜果等，家鼠不光吃這些，還吃糧食和人們加工後的熟食物，肉類、飯菜、糕餅什麼都吃，屬於雜食性的。鼠的洞穴很深，洞口沒有身體粗，但最下層卻很寬敞，而且還很講究：有儲存食物的洞、有棲身的洞、有「議事」的洞……會在不同的洞裡做不同的事。無論什麼時候，儲存食物的洞裡都填得滿滿的，稻穀、玉米、花生、黃豆等等，應有盡有。

猴

猴是一個俗稱，靈長目中很多動物都可稱之為猴。靈長目是哺乳綱的 1 目，動物界最高等的類群，大腦發達；眼眶朝向前方，眼距較窄；手和腳的趾（指）分開，大拇指靈活，多數能與其他趾（指）對握。包括原猴亞目和猿猴亞目，原猴亞目長相類似狐；無頰囊和臀胼胝；前肢短於後肢，拇指與大趾發達，能與其他指（趾）相對；尾不能捲曲。猿猴亞目顏面似人；大都具頰囊和臀胼胝；前肢大都長於後肢，大趾有的退化；尾長、有的能捲曲，有的無尾。依區域分布或鼻孔構造來看，猿猴亞目又分為闊鼻猴組、狹鼻猴組，前者又稱新大陸猴類，後者又稱舊大陸猴類。本目包括 11 科約 51 屬 180 種，主要分布於亞洲、非洲和美洲溫暖地帶，大多棲

息林區。靈長類中體型最大的是大猩猩，體重可達 275 公斤，最小的是倭狨，體重只有 70 克。

大多數靈長類的頭骨有較大的顱腔，呈球狀，這是由於頜部變短，臉部變扁所致；眶後突發育形成骨質眼環，或全封閉形成眼窩；多數種類鼻子短，其嗅覺次於視覺、觸覺和聽覺，某些低等種類具有高度發達的嗅覺中樞，並會靠嗅覺行動。某些狐猴有較長的鼻部。金絲猴屬和豚尾葉猴屬的鼻骨退化，形成上仰的鼻孔。長鼻猴屬的鼻子大又長。這些特殊的型別是因肌肉或軟骨發育而形成的。腳的拇趾和其他趾能對握，使得手和腳成為抓握器官。原猴類的 5 指只能同時屈伸，無法個別運用。掌面與蹠面裸出，有指、趾紋，紋路形態不一。具有非常軟或寬的足墊，除黑猿外，皆為蹠行性。多數種類的指和趾端均具扁甲，一般前後肢長相差不大，但長臂猿科和猩猩科的前肢比後肢長得多。猿類和人無尾，在有尾的種類中，其尾長差異很大，從只有一個突起到超過身體長。捲尾猴科大部分種類的尾巴具抓握功能，有「第五隻手」之稱。一些舊大陸猴（如狒狒）的臉部、臀部或胸部皮膚具鮮豔色彩，尤其在繁殖期的時候會特別明顯。臀部有粗硬皮膚組成的硬塊，稱為臀胼胝。

多數種類在胸部或腋下有 1 對乳頭，而指猴的 1 對乳頭在腹部。雄性的陰莖是懸垂形，多數具陰莖骨，但眼鏡猴、絨毛猴、人和某些種類則沒有，精巢包於囊中；雌體具雙角子宮或單子宮。體被毛，有的柔軟細密，有的粗硬，或在某些部分較長，或呈現不同顏色。有的頭頂毛很長，形成叢狀毛冠，或甚短，呈平頂，或禿頂無毛。有的在兩頰或頷下具長毛，形如鬍鬚。有的兩肩、後背、臀部被以長毛。有的體毛非常豔麗。

絕大多數靈長類動物有不同形式的樹棲或半樹棲生活，只有環尾狐猴、狒狒和獪猴地棲或在多岩石地區生活。通常以小家族群活動，當然也

會結大群活動。多數能直立行走，但時間不長。多在白天活動，夜間活動的有指猴、一些大狐猴、夜猴等。大倭狐猴和倭狐猴在乾熱季節夏眠能達數日至數週。

猴大多為雜食性，吃植物性或動物性食物。選擇食物和取食方法不太相同，如指猴擅於摳食樹洞或石隙中的昆蟲。猩猩的食量很大，絕大部分的活動時間都用以覓食。疣猴科胃的構造特殊，較常吃粗纖維多的植物性食物。

中國古人對猴子的觀察是相當仔細的。三國時東吳有個叫萬震的人寫過一部《南州異物志》，其中有一段說：「交州以南，有果然獸，其鳴自呼，身如猿，犬面，通身白色，其體不過三尺，而尾長四尺餘，反尾度身過其頭。視其鼻，仍見兩孔，作爺向天。其毛長，柔細滑澤，色以白為質黑為文，視如蒼頭鴨。肩邊班文集十餘皮，可得一蓐，繁文麗好，細厚溫暖。」透過這段文字，猴的一概而論躍然紙上。

漢族普遍認為猴為吉祥物。由於猴與侯同音，因此在許多圖畫中，猴的形象表示封侯的意思。如一隻猴子爬在楓樹上掛印，取「封侯掛印」之意；一隻猴子騎在馬背上，取「馬上封侯」之意；兩隻猴子坐在一棵松樹上，或一隻猴子騎在另一隻猴的背上，取「輩輩封侯」之意。

不過民間則忌猴年，認為猴年收成不好，是災年。俗語說：「飢猴年，餓狗年，要吃飽飯是豬年。」

海獅

海獅是一種肉食性動物，牠們一生中大部分時間都是在水中度過，有時能夠連續在海裡待幾個星期。不過，牠們會在岸上繁殖。海獅其實長得

並不像陸上的獅子，只不過咆哮的時候聲音較像而已。牠們有圓圓的腦袋，鰭狀的四肢像翅膀一樣，後肢還可以轉向前方，在陸地上行走自如。不過，在海中牠們可是游得最快的動物。

經過一次成功的捕食而飽餐一頓之後，海獅便會離開水面，到陸地上養精蓄銳。有時牠們會在太陽底下睡幾個小時，有時會在海灘上慵懶地滾來滾去。然而，在這悠閒的時候，卻是海獅有可能遭遇危險的時刻，因為虎鯨經常會突然從水中竄出，捕獲離牠們最近的動物，海獅便常常是虎鯨的「囊中物」。

兩棲類動物

蜥蜴

蜥蜴俗稱「四足蛇」，有人叫牠「蛇舅母」。蜥蜴與蛇有密切的親緣關係，二者有許多相似的地方，全身覆蓋以表皮衍生的角質鱗片，洩殖肛孔都是一橫裂，雄性都有一對交接器，都是卵生（或有部分卵胎生種類），方骨可以活動。

蜥蜴與蛇的區別

有人認為蜥蜴與蛇的差別在於蜥蜴有四隻腳，而蛇沒有腳。在一部分蟒科蛇類的洩殖肛孔兩側都可找到一對呈爪狀的後肢；而蛇蜥，在外形上連足的痕跡都找不到，人們常常把牠們誤認為是蛇。

蟾蜍

蟾蜍，別名癩蛤蟆、癩刺，分為大蟾蜍中華亞種和黑眶蟾蜍兩種。從牠身上刮下的蟾酥和脫下的蟾衣是中國珍貴的藥材。

蟾蜍是無尾目、蟾蜍科動物的總稱。最常見的蟾蜍是大蟾蜍，俗稱癩蛤蟆。皮膚粗糙，背面長滿了大大小小的疙瘩，這是皮脂腺，其中最大的一對是位於頭側鼓膜上方的耳後腺。這些腺體分泌的白色毒液，是製作蟾酥的原料。蟾蜍一般是指蟾蜍科的 300 多種蟾蜍，牠們分屬 26 個屬。主要分布在除了澳洲、馬達加斯加、玻里尼西亞和兩極以外的世界各地區。

從春末至秋末，大蟾蜍白天多隱蔽在陰暗的地方，如石下、土洞內或草叢中。傍晚，在池塘、溝沿、河岸、田邊、菜園、路邊或房屋周圍等處活動，尤其雨後常集中於乾燥地方捕食各種害蟲。大蟾蜍冬季多潛伏在水底淤泥裡或爛草裡，也會在陸上泥土裡過冬。行動緩慢笨拙，不擅於跳躍、游泳，只能匍匐爬行。

青蛙的蝌蚪顏色較淺、尾較長；蟾蜍的蝌蚪顏色較深、尾較短。青蛙卵與蟾蜍卵的區別是：青蛙的卵堆成塊狀，蟾蜍的卵排成串狀。蟾蜍實際上是蛙類的一種，所以從科學的角度看，所有的蟾蜍都是蛙，但不是所有的蛙都是蟾蜍。

大鯢

大鯢，別名娃娃魚，屬於有尾目、隱鰓鯢科，學名為 Andriasdavidianus。

但牠並非魚類，而是體形最大的一種兩棲動物，體長一般為 1 公尺左

右，最長的可達 2 公尺，體重為 20 至 25 公斤，最大的達 50 公斤。牠的頭寬大而扁平，表面有明顯的疣狀粒。眼小，位於頭背，無眼瞼，這是長期適應水下生活而退化的結果。弧形的口裂十分寬大，上下頜具多數大小相似的細齒，有利於進食。體軀寬扁而壯實。側扁的尾部很長，為體長的三分之一到二分之一，尾的上下有鰭狀物。四肢肥短，很像嬰兒的手臂，據說也是把牠叫做娃娃魚的又一個原因。前肢具 4 趾，後肢具 5 趾，趾間有微蹼，無爪。體表皮膚較為光滑，散布有小疣粒，受刺激時能分泌出似花椒味的白漿狀粘液，沿體側腋胯間有縱行皮膚褶。體色隨棲居環境色彩而有差異，背面呈棕色、紅棕色、黑棕色等，上面有顏色較深的不規則斑點，腹面淺褐色或灰白色。牠可以用肺呼吸，但由於肺的發育不完善，因此也像青蛙一樣，需要藉助溼潤的皮膚來進行氣體交換，作為輔助呼吸，所以必須生活在水中或水域的附近。從生物進化的觀點來看，牠是從水中生活的魚類向真正的陸棲動物演化的一個過渡的物種。

大鯢的分布很廣泛，以中國來說，黃河、長江及珠江中下游及其支流中都有牠的蹤跡，遍及北京懷柔、河北、河南、山西、陝西、甘肅、青海、四川、貴州、湖北、湖南、安徽、江蘇、浙江、江西、福建、廣東和廣西等省、區，在中國的古書中，多有「鯢魚有四足，如鱉而行疾，有魚之體，而以足行，聲如小兒啼，大者長八，九尺……」等記載，《本草綱目》中也說：「鯢魚，在山溪中，似鯰有四腳，長尾，能上樹，聲如小孩啼，故曰鯢魚，一名人魚。」在中國，大鯢的形態和生活習性早已為人民所熟知，娃娃魚的名字也一直傳到現在。

在兩棲動物中，大鯢的生活環境較為獨特，一般在水流湍急，水質清涼，水草茂盛，石縫和岩洞多的山間溪流、河流和湖泊之中，有時也在岸上樹根系間或倒伏的樹幹上活動，並選擇有迴流的灘口處的洞穴內棲息，

每個洞穴一般僅有一隻。洞的深淺不一，洞口比其身體稍大，洞內寬敞，有容其迴轉的足夠空間，洞底較為平坦或有細沙。白天常藏匿於洞穴內，頭多向外，便於隨時行動、捕食和避敵，遇驚擾則迅速離洞向深水中游去。傍晚和夜間出來活動和捕食，游泳時四肢緊貼腹部，靠擺動尾部和軀體拍水前進。在捕食的時候很凶猛，常守候在灘口亂石間，發現獵物經過時，突然張開大嘴囫圇吞下，再送到胃裡慢慢消化，所以有些地方的歇後語說：「娃娃魚坐灘口，喜吃自來食。」即是描述大鯢捕食的樣子。成熟的大鯢食量很大，食物包括魚、蛙、蟹、蛇、蝦、蚯蚓及水生昆蟲等，有時還吃小鳥和鼠類。有趣的是，牠還擅於「用計」捕捉一種隱藏在溪中石縫裡的石蟹，利用石蟹兩隻大螯鉗住東西便不輕易鬆開的特點，將自己帶有腥味分泌物的尾巴尖伸到石縫之中，誘使石蟹用螯來鉗。一旦發現石蟹「中計」，便立即將其順勢拉出。

爬行類動物

　　蛇屬於爬行綱蛇目，身體細長，四肢退化，身體表面覆蓋鱗片。大部分是陸生，也有半樹棲、半水棲和水棲。以鼠、蛙、昆蟲等為食。一般分無毒蛇和有毒蛇，可以從幾個特徵區分毒蛇和無毒蛇。毒蛇的頭一般是三角形的；口內有毒牙，牙根部有毒腺，能分泌毒液；一般情況下尾很短，並突然變細。無毒蛇頭部是橢圓形；口內無毒牙；尾部是逐漸變細。雖可以這麼判別，但也有例外，不可掉以輕心。蛇的種類很多，遍布全世界，以熱帶最多。

　　沒毒的蛇的肉可食用，蛇毒和蛇膽是珍貴藥品，但有的蛇是保護類動物。

　　蛇是不會主動攻擊人，除非打到了牠的身軀，如果你的腳踩到牠，牠會本能地馬上回頭咬你腳一口，噴灑毒液，讓你倒下。當人們行走在山路上，「打草驚蛇」在此用得很恰當，手執一根木棍，有彈性的木棍子最好。邊走邊往草叢中劃劃打打，如果草叢有蛇，會受驚逃避。用硬直木棒打蛇是最危險的動作，因為木棒著地點很小，不容易擊倒蛇。軟木棒有彈性，打蛇時木棒貼地，蛇擊中可能性更大。「蛇打七寸」，這是蛇的要害部位，打中此部位，蛇會動彈不了。

　　蛇的消化系統非常厲害，有些還在吞的同時就開始消化，還會把骨頭吐出來。很特別的是，蛇的消化需要依靠在地上爬行，利用肚皮和不平整的地面來摩擦。

　　毒蛇的毒液實際上是蛇的消化液，一些肉食性的蛇消化液的消化能力較強，溶解了被咬動物的身體，所以表現出「毒性」，人的膽汁也屬這種消化液。

　　蛇的食慾較強，食量也大，通常先咬死再吞食。嘴可隨食物的大小而變化，遇到較大食物時，下頜縮短變寬，成為緊緊包住食物的薄膜。蛇常從動物的頭部開始吞食，吞食小鳥則從頭頂開始，這樣鳥喙彎向鳥頸，較不會刺傷蛇的口腔或食管。吞食速度與食物大小有關，5 至 6 分鐘即可吞食小白鼠，較大的鳥則需要 15 至 18 分鐘。Barton 認為非洲岩蟒需要確定捕獲物的鼻子或耳朵位置，才會開始吞食，而蝮蛇亦有判斷捕獲物頭、尾的能力。

　　蛇消化食物很慢，每吃一次要經過 5 至 6 天才能消化完畢，但消化高峰多在食後 22 至 50 小時。如果吃得多，消化時間還要更長。蛇的消化速度與外界溫度有關，Skoczylas（1970 年）觀察到遊蛇在 5 度氣溫下，消

化完全停止，到 15 度時消化仍然很慢，消化過程長達 6 天左右，在 25 度時，消化才加快進行。

蛇的牙齒是無法把食物咬碎的，蛇的消化系統如咽部，以及相應的肌肉系統都有很強的擴張和收縮能力。

蛇主要是用口來獵食。無毒蛇一般是靠其上下頜的尖銳牙齒來咬住獵物，然後很快用身體把活的獵物纏死或壓得比較細長再吞食。毒蛇還可靠牠們的毒牙來注射烈性毒液，獵物被咬後立即中毒而死。蛇在吞食時先將口張大，把動物的頭部銜進口裡，用牙齒卡住動物身體，然後憑藉下頜骨作左右互動運動慢慢地吞下去。當其一側下頜骨向後轉動時，同側的牙齒鉤著食物，便送往咽部，接著另一側下頜骨向後轉動，同側牙齒又把食物送往咽部。透過下頜骨不斷交互向後轉動，即使很大的食物，也能吞進去。

喜歡偷食蛋類的蛇，有些是先以其身體壓碎蛋殼後才進食。但也有些蛇類，能把雞蛋或其他更大的蛋整個吞下去。在吞食時先以身體後端或藉其他障礙物頂住蛋體；然後盡量把口張大將整個蛋吞進去。有趣的是，非洲和印度的遊蛇科中的一類食蛋蛇，具有特殊適應食蛋的肌體結構。牠們頸部內的脊椎骨具有長而尖的腹突，能穿破咽部的背牆，在咽內上方形成 6 至 8 個縱排尖銳鋸齒，當把蛋吞進咽部時，隨著咽部的吞嚥動作進行「鋸蛋」把硬蛋殼鋸破，並且憑藉頸部肌肉的張力，使蛋殼破碎，同時把蛋黃、蛋白擠送到胃裡；剩下無法消化的蛋殼碎片和卵膜被壓成一個小圓球，從嘴裡吐出。

鱷魚

　　鱷魚，屬脊椎類兩棲爬行動物，性情大都凶猛暴戾，喜歡吃魚類和蛙類等小動物，甚至噬殺人畜。據記載，世界上現存的鱷魚類共有 20 餘種，中國的揚子鱷、泰國的灣鱷以及暹羅鱷等都是較有名的品種。

　　鱷魚除少數生活在溫帶地區外，大多生活在熱帶亞熱帶地區的河流，湖泊和多水的沼澤，也有的生活在靠近海岸的淺灘中。牠臉長、嘴長，有所謂「世上之王，莫如鱷魚」之說。鱷魚富有觀賞價值，也具多種藥用保健功效，故鱷魚也是珍貴的食材，可謂全身都是寶，因此有一些國家積極發展鱷魚養殖業。

壁虎

　　俗名守宮、多疣壁虎，也叫蠍虎，英文名 gecko。主要產於中國西南及長江流域以南的地區，也分布於日本和韓國。壁虎屬於爬行動物，會鳴叫，身體扁平，四肢短，趾上有吸盤，能在壁上爬行。

　　壁虎是蜥蜴目的 1 種，體背腹扁平，身上排列著粒鱗或雜有疣鱗，其下方形成皮膚褶襞，密布腺毛，有黏附能力，可在牆壁、天花板或光滑的平面上迅速爬行。其中壁虎屬約 20 種，中國產 8 種，常見的有多疣壁虎、無蹼壁虎、蹼趾壁虎與壁虎。蜥虎屬中國已知 4 種，半葉趾虎屬、截趾虎屬和蠍虎屬中國各有 1 種，主要分布於華南地區。壁虎沒有活動的眼瞼，受到強烈干擾時，牠的尾巴可自行截斷，還會再長出新尾巴。壁虎生活於建築物內，以蚊、蠅、飛蛾等昆蟲為食，對人類有益。通常於夜間活動，夏秋的晚上常出沒於有燈光照射的牆壁、天花板、簷下或電線杆上，白天潛伏於壁縫、角落、櫥櫃後等隱蔽處，並在這些隱蔽地方產卵，每次產 2

枚，孵化期 1 個多月；卵白色、圓形，殼易破碎，有時幾個雌體將卵產在一起。

烏龜

烏龜別稱金龜、草龜、泥龜和山龜等，在動物分類學上隸屬於爬行綱、龜鱉目、龜科、龜亞科，是最常見的龜鱉目動物之一。中國各地幾乎均有烏龜分布，但以長江中下游各省的產量較高；廣西各地也都有出產，尤以桂東南、桂南等地數量較多，也分布於日本和韓國。

烏龜殼略扁平，背腹甲固定而不可活動，背甲長 10 至 12 公分、寬約 15 公分，有 3 條縱向的隆起。頭和頸側面有黃色線狀斑紋，四肢略扁平，指間和趾間均具全蹼，除後肢第五枚外，指趾末端皆有爪。

烏龜一般生活在河、湖、沼澤、水庫和山澗中，有時也上岸活動。在自然環境中，烏龜以蠕蟲、螺類、蝦及小魚等為食，也吃植物的莖葉。烏龜是一種變溫動物，在氣溫 15 度以上時，活動正常且大量攝食，而氣溫在 10 度以下時則進入冬眠狀態。每年 4 至 10 月烏龜活動頻繁，在此期間，每天日落時，烏龜便開始在水中游動覓食，一直到天明前才停止、潛入水中，常常在晴天上午 10 時到下午 16 時爬上岸，靜靜的於岸邊晒太陽。6 至 8 月為烏龜盛食期，10 月其食量逐漸下降，11 至 3 月處於冬眠狀態。

此外，烏龜繁殖率低且生長較慢，一隻 500 克左右的烏龜經一年飼養僅增重 100 克左右。但烏龜的耐飢能力較強，即使斷食數月也不易被餓死，亦有較強的抵抗力，且成活率高，所以烏龜是較易人工飼養的動物。

動物裡的之最 ————————————

最長壽的動物

在哺乳類動物中，最長壽的動物是大象，大致能活到六十到七十歲。當然野生環境和人工飼養的條件是不同的，前者的壽命會短些。據記載，哥拉帕格斯群島的長壽象能活一百八十到二百歲。

大象為哺乳綱、長鼻目、象科，通稱象，是世界最大的陸棲動物，主要外部特徵為柔韌而肌肉發達的長鼻，具纏捲的功能，是象自衛和進食的工具。長鼻目僅有象科 1 科共 2 屬 2 種，即亞洲象和非洲象，前者較小，體重約為四千到五千公斤，公象最重的有八千公斤。非洲象體重有六千到七千公斤，最高紀錄達一萬二千公斤。亞洲象歷史上曾廣布於中國長江以南的南亞和東南亞地區，現分布範圍已縮小，主要產於印度、泰國、柬埔寨、越南等國，中國雲南省西雙版納地區也有小的野生族群，非洲象則廣泛分布於整個非洲大陸。

最重的動物

最重的動物當然是鯨了，牠相當於五、六隻象的重量。

鯨是生活在海洋中的哺乳動物，分布在世界各海洋中。有的鯨身體很大，最大的體長可達 30 公尺。鯨的體形像魚，呈梭形。頭部大，眼小，耳殼完全退化，頸部不明顯。前肢呈鰭狀，後肢完全退化；多數種類背上有鰭；尾呈水平鰭狀，是主要的運動器官。有齒或無齒，鼻孔一或二個，開在頭頂。成年的鯨全身無毛（有許多種類只在嘴邊尚保存一些毛），皮

膚下有一層厚厚的脂肪，可以保溫和減小身體的比重。用肺呼吸，在水面吸氣後即潛入水中，可以潛泳 10 至 45 分鐘。一般以浮游動物、軟體動物和魚類為食。胎生，通常每胎產一隻，以乳汁哺育幼鯨。但許多人將鯨分類於魚類，事實上牠們不是魚類而是哺乳動物。

最聰明的動物

哺乳動物中最聰明的是黑猩猩，和人類相近的有類人猿，還有動物學中屬類人猿科的大猩猩。黑猩猩大腦的大小雖然只有 400 毫升，不如大猩猩有 500 毫升，但是腦部功能卻特別發達。

黑猩猩在生理、高級神經活動、親緣關係等方面與人類最為接近，因此是醫學和心理學研究，以及人類的宇宙飛行最理想的試驗動物。

黑猩猩的腦和臉部的肌肉很發達，能做出喜、怒、哀、樂等許多表情和複雜多樣的行為。牠還擅於用前肢做出各種動作和手勢，來表達牠的感情和思想，也能學習使用簡單的工具。由於黑猩猩和人類有著很近的親緣關係，仔細研究牠們的生活習性，有助於推測一、二百萬年前古人類的行為和生活的特點。因此長期以來，科學家對牠進行了大量的研究。

最高的動物

長頸鹿是非洲的一種特有動物，長長的脖子，抬起頭來，最高的雄長頸鹿身高可達 6 公尺，因此是陸地上最高的動物。

長頸鹿是世界上身體最高的珍奇動物，主要分布在非洲的衣索比亞、蘇丹、肯亞、坦尚尼亞和尚比亞等國。但是，長頸鹿的祖籍卻在亞洲。據古生物學家研究認為，長頸鹿起源於亞洲，特別是中國和印度的一些地

方，從二千多萬年至二、三百萬年前，曾經生活著長頸鹿的祖先，不過頸和腿沒有現代那麼長。後來，由於地球生態環境和氣候的變化，食物缺乏，脖子短的長頸鹿因為沒辦法吃到高樹上的樹葉，相繼死去，脖子較長的則頑強地生存下來。

長頸鹿體高約五、六公尺，一身斑駁耀眼的花衣裳。牠有一雙銳利的眼睛，觀察四周。當長頸鹿發現遠處有不懷好意的敵獸時，剛開始會不動聲色，毫不慌張，悠然自得。等到敵獸近到一定距離時，才騰起四蹄，飛奔而去，時速可高達五、六萬公尺，使敵獸望塵莫及。如果遭受偷襲，長頸鹿也毫不示弱，用那鐵掃帚似的長腿，給予堅決反擊，甚至可以把獅子踢倒。

跑得最快的動物

跑得最快的動物當然就是獵豹了，追捕獵物時每小時能跑一百一十公里。獵豹是肉食目貓科動物，以鹿類、羚羊為獵物。鹿類、羚羊等動物拚命奔跑時，每小時不超過七十公里，因此很快就會被捉住。但是，如果距離不是很短，獵豹會沒辦法持續以最快的速度追捕獵物，所以牠必須用盡全力捕捉近處的獵物。

獵豹的軀幹長是 1 公尺到 1.5 公尺、尾長是 0.6 公尺到 0.8 公尺、肩高是 0.7 到 0.9 公尺、體重一般是 35 到 72 公斤。雄獵豹的體型略微大於雌獵豹，獵豹背部的顏色是淡黃色。腹部的顏色比較淺，通常是白色的，全身都有黑色的斑點，從嘴角到眼角有一道黑色的條紋，這個條紋就是我們用來區別獵豹與豹的特徵。

游得最快的魚

如果魚類世界開運動會,舉辦游泳比賽的話,游得最快的魚便是箭魚和旗魚了。據資料顯示,箭魚每小時可游約 110 公里,旗魚每小時可游約 104 公里。這速度已經遠遠超過人類製造的任何艦船的航速,和汽車、火車的速度差不多了。

箭魚和旗魚的游泳速度為什麼這麼驚人呢?這和牠們優越的體形有很大的關係。箭魚和旗魚是生活在海洋表層的肉食性魚類,牠們的身體體形為流線型,頭部銳利的尖吻,極易劈水,水流經過頭部後,就能沿著魚的體表流過,很少有阻力。再加上牠們的體表有光滑的鱗片,分泌出一種黏液,就像潤滑油一樣,使魚體的阻力減少到最低的程度。

箭魚和旗魚能成為魚類游泳冠軍,也是物競天擇的結果。在中上層海域,風急浪大,敵害多,水流急,要想在這樣的環境中生存下去、捕獲食物、逃避敵害,沒有快捷的游泳速度是不行的。箭魚和旗魚這一類游泳速度快的魚類,是適應生活的環境而被「選中」的佼佼者。

豐富漂亮的植物

百合,是眾多女孩喜歡的一種花,它象徵純潔與高雅。那大家對百合的了解有多少呢?百合花是百合科百合屬多年生草本球根植物,北半球每一個大陸的溫帶地區都夠種植百合,主要分布在亞洲東部、歐洲、北美洲等,全球已發現有 110 多個品種。近年來隨著人工雜交,百合又產生了很多新的品種,比如我們所熟悉的香水百合、麝香百合、亞洲百合、葵(火)百合、姬百合等。

　　一般來說，花主要是用來觀賞的，但各種花也有其獨特的作用。百合花的球根含豐富澱粉質，部分更可作為蔬菜食用，在中國，食用百合具有悠久的歷史，而且中醫上認為百合性微寒平，具有潤肺、清火、安神的功效，因此它的花以及鱗狀莖均可以入藥，是一種藥食兼用的花卉。

百合花的產地及分布

　　百合花主要分布於中國、日本、北美和歐洲等溫帶地區。其花姿雅緻，葉片青翠娟秀，莖幹亭亭玉立，是名貴的切花新秀。多數百合的鱗片為披針形，無節，鱗片多為覆瓦狀排列於鱗莖盤上，組成鱗莖。莖表面通常綠色，或有棕色斑紋，或幾乎全棕紅色。莖呈圓柱形，無毛。葉呈螺旋狀散生排列，少輪生。葉形有披針形、矩圓狀披針形和倒披針形、橢圓形或條形。葉無柄或少數為短柄。葉全圓或有小乳頭狀突起麝香百合。花大、單生、簇生或呈總狀花序。花朵直立、下垂或平伸，花色一般都很鮮豔。花被片 6 枚，分 2 輪，離生，常有靠合而成鐘形、喇叭形。花色有白、黃、粉、紅等多種顏色。雄蕊 6 枚，花絲細長，花藥橢圓較大。

　　種鱗莖就是百合的種球，它的鱗莖為白色，具有豐富的營養成分。其高為 4 至 7 公分，直徑為 5 至 8 公分，寬卵形，深入土中約 10 公分；莖直立，堅硬，基部埋在土內的部分具 2 至 3 輪纖維狀根，地上部分高 1.2 至 1.5 公尺，直徑 0.8 至 1.2 公分，有稜紋，深紫色，而被白色綿毛。葉散生，無柄，光亮，披針形，長 3 至 15 公分，寬 0.5 至 1.5 公分，先端漸尖，具顯著葉脈 5 條以上，上部葉片逐漸變短以至形成葉狀苞片，通常葉腋間生有珠芽；珠芽球形，直徑 2 至 3 公釐，老時變為黑色。花序總狀圓錐形；花梗粗硬，開展，花朵稍下垂；花被片 6，橘紅色，密生紫黑色斑

點，開放時反捲，披針形，長 8 公分，寬 1.5 公分；雄蕊長 5 至 7 公分，花藥紫色，且具斑點；柱頭紫色，子房長 1.3 至 1.8 公分。果實倒卵形，長 3 至 4 公分。花期一般在 7 月。百合之美在於它的純潔與高雅，也有不少關於它的傳說。

百合花的傳說

據說，在一個很遙遠的峽谷裡，有一顆百合花的種子飄飄灑灑的落在野草叢中，並在那裡扎根成長。百合花在沒有開花之前和野草是沒有什麼區別的，於是其他野草都認為它是其中的一員。只有百合花知道自己是一朵花，一朵不同於其他野草的花。所以當百合花開出一個花蕾的時候，其他野草都嘲笑它、孤立它，認為它是野草的異類，但依然不認為它是一朵花。百合花默默地忍受著，它相信總有一天自己會成為一朵最漂亮的百合花。

時間一點點的過去了，百合花終於怒放在峽谷中、野草中，它迎來生命中最重要的一刻，證明了自己的價值及意義。在剛剛盛開的百合花瓣中，沾滿了晶瑩的露珠，野草都認為那露珠是早晨水霧，只有百合知道，那是她自己的淚水。漸漸地，峽谷裡出現了越來越多的百合花，於是人們稱那裡為百合谷地。

百合花常見的種類

世界上野生百合種類大約有 90 多種，中國是生產百合的大國，百合的種類占世界的一半。據調查，中國約有 46 種原產百合、18 種變異種。在山區遍地野生的百合有橙紅色的卷丹和白色的野百合兩種，是中國寶貴

的植物資源。美國、法國及荷蘭的花卉育種專家曾多次到中國南平考察百合，稱讚其品種為世上少有的優良品種，具有很強的區域特色和發展潛力。

嬌豔的牡丹花

牡丹寓意「富貴」，深受喜愛。牡丹花主要用於觀賞，它原產於中國西部秦嶺和大巴山一帶山區，現在這一地區尚有野生單瓣品種存在。河南洛陽、山東菏澤的牡丹最富盛名。

牡丹與芍藥的花型、葉片非常相似，但並不屬於同一種木本。牡丹是灌木木本，芍藥是蓄根草本，牡丹於 5 月初開花，芍藥花期要晚一些，這是它們的主要區別。芍藥原產於中國北部及西伯利亞一帶，更耐寒。在英語和其他歐洲語言中，牡丹和芍藥是同一個詞。漢中是中國最早人工栽培牡丹的地方，為落葉亞灌木。喜涼厭熱，宜燥懼溼，可耐零下 30 度的低溫，在年平均相對溼度 45％ 左右的地區可正常生長。喜陰，亦不耐陽。要求疏鬆、肥沃、排水良好的中性土壤或砂土壤，忌黏重土壤或低溫處栽植。花期一般在 4 至 5 月。多採用嫁接方法栽培，根系肉質強大，少分枝和鬚根。株高 1 至 3 公尺，老莖呈灰褐色，當年生枝黃褐色。二回三出羽狀複葉，互生。花單生莖頂，花徑 10 至 30 公分，花色有白、黃、粉、紅、紫及複色，有單瓣、複瓣、重瓣和臺閣性花。花萼有 5 片。

迷人的玫瑰花

玫瑰，是我們再熟悉不過的一種花，它象徵著愛情。玫瑰，又被稱為刺玫花、徘徊花、刺客、穿心玫瑰，屬薔薇科落葉灌木。作為農作物，其

花朵主要用於提煉香精玫瑰油，是保加利亞的重要產品，玫瑰油的價值比等重量的黃金還要高。主要應用於化妝品、食品、精細化工等工業。

玫瑰、月季和薔薇都是薔薇屬植物，是薔薇科中的三傑。在漢語中人們習慣把花朵直徑大、單生的品種稱為月季，小朵叢生的稱為薔薇，可提煉香精的稱玫瑰。但在英語中它們均稱為 rose。依目前正式登記的品種，大約有三萬種左右。此外，切花玫瑰實為月季。奇數羽狀複葉，小葉 5 至 9 片，橢圓形，有邊刺，表面多皺紋，托葉大部和葉柄合生。花單生數朵聚生，紫紅色、粉紅色、黃色、白色、有芳香。而現在的玫瑰的顏色更加豐富，比如藍色和黑色等。

玫瑰的花瓣、花蕾可開發多種極其名貴的天然產品。玫瑰為國際香型，主要開發的產品有：玫瑰精油、玫瑰浸膏、淨油、玫瑰糖、玫瑰乾花等，可作為高級香水、醫藥、食品、化妝品、香精、香料、及工藝品。另外從玫瑰花中所提取的香料又是天然香料，非常有益於身體健康。

植物形態

玫瑰屬於直立灌木。莖叢生，有莖刺。單數羽狀複葉互生，小葉 5 至 9 片，連葉柄 5 至 13 公分，橢圓形或橢圓形狀倒卵形，長 1.5 至 4.5 公分，寬 1 至 2.5 公分，先端急尖或圓鈍。基部圓形或寬楔形。邊緣有尖銳鋸齒，上面無毛，深綠色，葉脈下陷，多皺，下面有柔毛和腺體，葉柄和葉軸有絨毛，疏生小莖刺和刺毛；托葉大部附著於葉柄，邊緣有腺點；葉柄基部的刺對著生。花單生於葉腋或數朵聚生，苞片卵形，邊緣有腺毛，花梗長 5 至 25 公釐密被絨毛和腺毛，花直徑 4 至 5.5 公分，上有稀疏柔毛，下密被腺毛和柔毛；花冠鮮豔，紫紅色，芳香；花梗有絨毛和腺體。玫瑰

因多刺，故有「刺玫花」之稱。我們常說的「帶刺玫瑰」，就是以玫瑰的特性來形容美麗卻給人犀利的感覺的女性。我們知道，從玫瑰花裡的提取的玫瑰油的價值黃金還昂貴，因此玫瑰也有「金花」之稱。

玫瑰的花果

玫瑰在 4 至 5 月開花，其花為單生或簇生，一般在枝頂開花。花的顏色非常豐富，有紅色、紫色、白色、藍色、綠色、黑色等，又有單瓣與重瓣之分。結果期在 8 至 9 月，果實呈扁球形。

玫瑰的分布

玫瑰的種植現在主分布在中國華北、西北、西南、日本、韓國、北非、墨西哥、印度等地，在多數國家被廣泛種植。玫瑰喜陽光，耐旱，耐潮溼，也能耐寒冷，適宜生長在較肥沃的沙質土壤中。目前，保加利亞是世界上最大的玫瑰產地，素以「玫瑰之邦」而聞名。玫瑰是保加利亞的國家象徵，其種植量極大，保加利亞每年生產的玫瑰油有 1,200 公斤，每公斤玫瑰油生產需要用 2,000 至 5,000 公斤的花瓣。

在保加利亞，種植玫瑰的種類有上百種。每年初夏時節，巴爾幹山南麓的「玫瑰谷」地帶就會成為一片花的海洋，各色玫瑰都會爭先恐後的綻放，甚至在路邊的許多花圃以及住宅區裡的花園也開滿了玫瑰。保加利亞盛產玫瑰精油，其油質純正、香氣濃郁，年產量最高為 2 噸，其出口量居世界首位。

玫瑰的用途

玫瑰不只具有很高的觀賞價值，在美容與藥用上也有大的作用。玫瑰花裡含有豐富的維生素 A、C、B、E、K，以及單寧酸，能改善內分泌失綢，對消除疲勞和傷口癒合也有幫助。可促進血液循環、養顏美容、調經、利尿、緩和腸胃神經、防皺紋、防凍傷。玫瑰還可有效的消除疲勞，當身體疲勞痠痛時，可以取一些玫瑰花瓣進行按摩，效果也是非常好的。

傲立冬雪的梅花

在中國古代梅、蘭、竹、菊被稱為四大君子，因此為無數才子喜歡，梅更受到無數才子讚美。就如王安石對梅的描述一般：「牆角數枝梅，凌寒獨自開。遙知不足雪，為有暗香來。」眾人喜歡梅的孤傲與堅強，不懼風雪獨自開放。

梅是落葉小喬木，其株高一般約 5 至 10 公尺，樹幹呈褐紫色，多縱駁紋。小枝呈綠色。葉片廣卵形至卵形，邊緣具細鋸齒。花每節 1 至 2 朵，無梗或具短梗，原種呈淡粉紅或白色，栽培品種則有紫、紅、彩斑至淡黃等花色，於早春先葉而開。梅花可分為系、類、型。如真梅系、杏梅系、櫻李梅系等。系下分類，類下分型。梅花為落葉小喬木，樹幹灰褐色，小枝細長綠色無毛，葉卵形或圓卵形，葉緣有細齒，花芽著生在長枝的葉腋間，每節著花 1 至 2 朵，芳香，花瓣 5 枚，白色至水紅，也有重瓣品種。

梅的果實與球形相似，有溝，直徑約 1 至 3 公分，味酸，綠色。到 4 至 6 月果熟時多變為黃色或黃綠色亦有品種為紅色和綠色等。其味酸，可食用，可用來做梅乾、梅醬、話梅、酸梅湯、梅酒等，亦可入藥。梅花酒

在日本和韓國廣受歡迎，其味甘甜，有順氣的功能，是優良的果酒。話梅在中國是很受歡迎的食品。話梅是將梅子與糖、鹽、甘草在一起醃製後晒乾而成的，話梅還可以用來做成話梅糖等食品。

另外梅花的品種有 300 多種，適合觀賞的種類有大紅梅、臺閣梅、照水梅、綠萼梅、龍遊梅等品種。觀賞類梅花多為白色、粉色、紅色、紫色、淺綠色。中國西南地區 12 月至次年 1 月，華中地區 2 至 3 月，華北地區 3 至 4 月開花。初花至盛花 4 至 7 日，至終花 15 至 20 日。梅花屬於長壽花卉，即使是在家盆栽，也經常可以養到十年以上。湖北黃梅縣有株一千六百多歲的梅花，為晉朝所植，至今仍傲然挺立。

梅花的生長環境相對來說並不嚴格，但土質以疏鬆肥沃、排水良好為佳。幼苗可用園土或腐葉土培植。梅花對水分敏感，雖喜溼潤但也不宜太多水。若盆土長期過溼就會導致落葉、黃葉，在生長期只需施少量且稀薄的肥料即可。梅花可耐零下 15 度的溫度。梅花以嫁接繁殖為主，播種、壓條、扦插也可。砧木以實生梅苗或杏、桃為主。梅花通常不易染病，但也有一些病害，如穿孔病、炭疽病、白粉病、枯枝流膠病、乾腐流膠病等。蚜蟲對梅花常有危害，但不可使用「大滅松」這種農藥殺蟲，其會對梅花產生藥害而導致落葉。此外，還有一種梅花盆景，名為梅樁。梅花的生存能力雖然很強，但還是需要小心謹慎種植。

梅花的種類

梅花的品種與變種較多，目前大品種有 30 多個，下屬小品種多達 300 多個，其品種按枝條及生長姿態可分為葉梅、直角梅、照水梅和龍遊梅等類；按花色花型可分為宮粉梅、紅梅、照水梅、綠萼梅、大紅梅、玉蝶

梅、灑金梅等型。其中宮粉梅最為普遍，花瓣粉紅，著花密而濃；玉蝶梅花瓣紫白；綠萼梅花瓣白色，香味極濃，其中「金錢綠萼」為最好。

梅花的花語、寓意、象徵

梅花的花語為堅強和高雅。

梅花有「高風亮節」的寓意。二十四番花信之首的梅花，冰枝嫩綠，疏影清雅，花色美秀，幽香宜人花期獨早，「萬花敢向雪中出，一樹獨先天下春。」被譽為花魁。「遙知不是雪，唯有暗香來」的崇高品格和堅貞氣節，象徵龍的傳人之精神。松、竹、梅被稱為「歲寒三友」。梅花的培植起於商代，距今已有近四千年歷史。梅是花中壽星，中國不少地區尚有千年古梅，湖北黃梅縣有株一千六百多歲的晉梅。梅花鬥雪吐豔，凌寒留香，鐵骨冰心，高風亮節的形象深入人心，並鼓勵著人們自強不息，堅忍不拔。

野薔薇的浪漫

薔薇、月季、玫瑰為薔薇科中三傑，均屬落葉灌木。薔薇高 1 至 2 公分；枝細長，上升或蔓生，有皮刺。羽狀複葉；小葉 5 至 9 片，倒卵狀圓形至矩圓形，長 1 至 3 公分，寬 0.8 至 2 公分，先端急尖或稍鈍，基部寬楔形或圓形，邊緣有銳鋸齒，有柔毛；葉柄和葉軸常有腺毛；托葉大部附著於葉柄上，先端裂片成披針形，邊緣篦齒狀分裂並有腺毛。傘房花序圓錐狀，花多數；花梗有腺毛和柔毛；花白色，芳香，直徑 2 至 3 公分；花柱伸出花托口外，結合成柱狀，幾與雄蕊等長，無毛。薔薇果球形至卵形，直徑 6 公釐，褐紅色。

　　薔薇花又稱白殘花，是自古有名的佳花。它屬於薔薇科落葉小灌木野薔薇，薔薇喜生於路旁、田邊或丘陵地的灌木叢中，分布於中國華東、中南等地。於 5 至 6 月間，當花盛開時，擇晴天採收，晒乾作藥用。花色很多，有白色、淺紅色、深桃紅色、黃色等，花香誘人。明代顧磷曾經賦詩：「百丈薔薇枝，繚繞成洞房。蜜葉翠帷重，濃花紅錦張。張著玉局棋，遣此朱夏長。香雲落衣袂，一月留餘香。」詩中描繪出一幅青以繚繞、姹紫嫣紅的畫面。薔薇是枝葉茂密，多花的植物，主要分布於山東、河南、江蘇、安徽、新疆等地，花期一般在 5 至 6 月，其花清秀可愛，香氣怡人。

薔薇的食用功效

　　薔薇花可食用，亦可入藥。其味甘、涼，具有清暑化溼、順氣和胃、止血的功效。常用於治療中暑胸悶、口渴、嘔吐、食慾不佳、口腔潰瘍、腹瀉、吐血及外傷出血等。其花含黃耆甲苷，揮發油，有較高的藥用價值。

現代研究

　　野薔薇原產於中國華北、華中、華東、華南及西南地區，主要分部於黃河流域以南各省區的平原和低山丘陵。韓國、日本也有分布。野薔薇性強健，喜光，耐半陰，耐寒，對土壤要求不嚴格，在黏重土中也可正常生長。耐瘠薄，忌低窪積水。以肥沃、疏鬆的微酸性土壤最好。大家要注意的是，那些喜歡光的植物，只有在陽光充分的環境中，才能生長正常或生長良好，如果在比較陰涼的環境就會導致其生長不正常，嚴重者會導致死亡。

野薔薇在家宅或園林都較為常見，其花可愛秀麗，香氣逼人，可為家宅和園林帶來勃勃生機。園林主要用於花架、長廊、粉牆、門側、假山石壁的垂直綠化，其花能抵抗有毒氣體的汙染。根、葉、花、果可入藥。以及基礎種植，河坡懸垂，也可植於圍牆旁，引其攀附。人工栽培的薔薇花並不會結果，不過野薔薇卻會結出嬌豔欲滴的紅色果實。除了模樣可以比美其他薔薇花外，果實也可以食用。這種花具有詩人般的氣質，因此它的花語是「浪漫」。受到這種花祝福而生的人具有浪漫性格，是個喜歡做夢的孩子，不過處理事情卻具有敏銳的判斷力，適合從事藝術方面的工作。在感情方面，也是一個完美主義者。但要給這類人一個忠告，在現實中並沒有完美的東西，所以，不要過於追求完人，否則會使自己深陷而無可自拔的。

華麗的鬱金香

鬱金香是一類屬於百合科鬱金香屬的具球莖草本植物。鬱金香是荷蘭的國花，西元 1634 至 1637 年間，被稱為荷蘭歷史上的「鬱金香狂熱」的時期。在這段時期裡，荷蘭的人們認為，家有鬱金香的人才是真正的富翁，因此很多富翁都以高價或以房子等有價值的東西來換取鬱金香，它成為炙手可熱的一種物品。鬱金香與風車並稱為荷蘭的象徵，它是荷蘭主要出口的觀賞作物，是荷蘭經濟命脈之一。此外，加拿大首都渥太華又被稱為「鬱金香城」。鬱金香屬百合科、鬱金香屬多年生鱗莖草本植物。它株形挺拔、花朵大而豔麗，觀賞價值較高。

鬱金香的花語為愛的告白，代表了熱烈的愛意。

鬱金香屬於百合科多年生草本植物，原產中東，在 16 世紀傳入了歐

洲。其鱗莖為扁圓錐形或扁卵圓形，長約 2 公分，具棕褐色皮股，外被淡黃色纖維狀皮膜。莖葉光滑具白粉。葉出，3 至 5 片，長橢圓狀披針形或卵狀披針形，長 10 至 21 公分，寬 1 至 6.5 公分；基生者 2 至 3 枚，較寬大，莖生者 1 至 2 枚。花莖高 6 至 10 公分，花單生莖頂，大形直立，林狀，基部常黑紫色。花葶長 35 至 55 公分；花單生，直立，長 5 至 7.5 公分；花瓣 6 片，倒卵形，鮮黃色或紫紅色，具黃色條紋和斑點；雄蕊 6，離生，花藥長 0.7 至 1.3 公分，基部著生，花絲基部寬闊；雌蕊長 1.7 至 2.5 公分，花柱 3 裂至基部，反捲。它的花型也非常的繁多，有杯型、碗型、卵型、球型、鐘型、漏斗型、百合花型等，有單瓣也有重瓣。花色有白、粉紅、洋紅、紫、褐、黃、橙等，深淺不一，單色或複色。花期一般為 3 至 5 月，有早、中、晚之別。蒴果 3 室，室背開裂，種子多數，扁平。它的外形華麗而迷人，因此常贈人為禮。

　　鬱金香在世界的各個角落均有種植，不過在荷蘭最為盛行。其原產地在地中海南北沿岸及中亞細亞和伊朗、土耳其、東至中國的東北地區等地，但確切起源已難以考證，現今有很多人認為它起源與錫蘭及地中海偏西南的方向。其花華麗而秀美，深得喜愛。

植物和生態環境的關係 ──────

　　綠色植物是平衡地球生態的基礎，綠色植物是地球的拓荒者。原先的地球大陸是沒有生命的蠻荒世界，赤地千里。植物從海洋向大陸進軍，登陸成功，才完全改變世界的面貌。

　　雖然那時它非常弱小，但登陸成功創造了生命向大陸拓荒的條件。它從藻類和菌類，發展到苔蘚和地衣，再發展為開花植物（種子植物）、高

大的喬木，成為地球上關鍵的物種。

植物拓荒成功，從此使地球變為綠色。

為什麼綠色植物是生態平衡的基礎呢？

生態平衡是生命的表現形式，生命的所有表現形式都和能量有關，生命的本質是新陳代謝和自我繁殖。它的生長、物質合成和繁殖，必須有一定的能量作為動力。沒有能量的轉化，生命和生態系統是不可能發展的。

地球上所有生命形式的運動，能量都來自太陽能。但是在所有生命中，只有植物能直接利用太陽能，其他生物完全只能依賴植物轉化的太陽能為生。

這是因為只有植物具有光合作用的能力。

植物利用太陽能，透過光合作用把水和二氧化碳合成為碳水化合物，釋放出氧氣。人和其他生命依靠植物生產的有機物質為生，也就是說，植物是所有生命生存的基礎。或者說，綠色植物轉化的太陽能，這是生物圈食物鏈能量流動的基礎。

打破不利於人的生態平衡，建立有益於人的生態平衡，這是進步而不是退步。

而且，生態平衡不是唯一的，不平衡和生態平衡破壞也是常有的。

如果深入分析生態系統的物質運動，我們便會知道，生態系統的物質運動，是「生態平衡」和「平衡破壞」這兩種情況不斷交替、建立新平衡的過程。用哲學的話來說，這是運動與平衡的統一。生態系統的物質，總是處於不斷的運動、變化和發展中，既不平衡，又有平衡破壞，兩者互相轉化。

運動是重要的，它推動事物前進；平衡也是重要的，它也推動事物前進。恩格斯（Engels）說過：「在地球上，運動分化為運動和平衡的交替；

個別運動趨向於平衡，而整體的運動又破壞個別的平衡。」他又說：「物質相對靜止的可能性，暫時的平衡狀態的可能性，是物質分化的根條件，因而也是生命的根本條件。」

平衡是「生命的根本條件」，平衡對生命的作用非常重要。平衡並不是固定的，當生態系統的某些因素，特別是它的重要因素改變，例如人類發起改造沙漠的行動，這種因素達到足夠程度時，就會打破舊的平衡、建立新的平衡。

例如，地球上人類的產生，人以自己的智慧和勞力，在自然生態系統的基礎上，建立人工生態系統，如人造森林、畜牧場和漁場等等，每一步都是打破舊的平衡，建立新的平衡，且通常人工生態系統比原有的系統有更高的生產力。

但是，人類對自然的行為也往往出現「既不利於人，也不利於其他生物生存」的情況。例如環境汙染，使河流和湖泊裡的生物死亡，成了一種死寂的平衡。

因此，生態系統的發展有兩種不同的趨勢：一是生態系統具穩定性，以提高它的生產力的方向發展；二是破壞它的穩定性，以降低它的生產力的方向發展。

我們的任務是保護對人類有利的生態平衡，避免對人類不利的生態平衡，使生態過程向著不斷進化的方向發展，避免往退化的方向衰敗。

人類不可能不干預自然過程。若人類干預自然，也可能破壞對人有利的生態平衡。但這不是必然的，人類的行為如果立基於生態觀點，使它符合生態規律，就可以做到保護生態平衡，或者打破對人不利的平衡，建立對人有利的生態平衡。這是我們努力的方向。

　　大自然是殘酷的，各種生物為了生存，不僅要學會獲得食物的本領，還要和天敵競爭；不僅要和自己的「兄弟姐妹」團結一致抵禦敵害，還常常為爭取生存、繁衍的機會而「六親不認」；不僅為逃避敵害而「喬裝打扮」，還要學會「故作姿態」矇混過關。總之，這一切的一切都是生物為「活」下去而進行的殘酷爭鬥。然而，時時威脅著各種生物生存的，不僅僅是自然因素，還有一種因素在不斷地影響著各種生物，那就是非生物的環境因素。地球上並不是每個地方都是陽光明媚、溫暖如春。有冰雪覆蓋的極地世界，有乾旱少雨的沙漠地帶，有海拔入雲的高原荒漠，有險象環生的熱帶雨林。嚴酷的大自然使生長在它懷抱中的各種生物，需要適應它才能繼續「活」下去，特別是植物，由於本身無法運動而不得不「固守」在陣地上，從而形成特有的適應環境的本領。例如仙人掌不僅從外觀上形成了一副適應乾旱的模樣，在生理上也具備了應付乾旱環境的本領：它的氣孔，與一般植物的「生理時鐘」不同，在無法進行光合作用的晚上開放。這是為了盡量減少水分的蒸發，在夜晚使足夠的二氧化碳進入體內，以便「關起門來」自己製造養分。

　　適應環境是各種生物必備的生存本領，特別是在惡劣的條件下生長的植物，發展得最為典型。如，非洲撒哈拉沙漠中的菊科植物齒子草，採取的是一種「速戰速決」的生存方針，即充分利用沙漠地區僅有的短短的潮溼季節，迅速生長繁殖然後死亡，其生長週期不過幾個月而已。等到雨季過後，沙漠被驕陽烘烤之時，它已完成了自己的使命，留下種子，以期下一年雨季的到來。松是生在北方嚴寒地帶的常綠喬木，在嚴冬到來時，它為什麼能抵抗嚴寒？這是因為它的針葉葉面有一層厚厚的蠟質，表皮角質化，氣孔內陷很深，同時還有抗寒的松脂，這種結構是為了適應嚴寒環境演化而來。

植物的「絞殺」行為

在物種間爭鬥激烈的戰場上，人們往往把目光集中在那些能夠自由運動的動物。的確，牠們之中有伶牙利爪者、有窮追不捨者、有瘋狂掠奪者，還有略施小計者。但是，不要以為那些表面無聲無息、默默無聞，又無法自由運動的植物就那麼寬宏大度。它們雖然不動聲色，卻暗自「勾心鬥角」，為了爭奪生活空間中的「寸金」、「寸土」，也在激烈、殘酷的競爭著。

在熱帶雨林中，植物種類繁多。在這種遮天蔽日的環境中，各種植物都力求往高處生長，以得到攸關存亡的陽光。除了粗大的樹木之外，較纖細的植物常常纏住「別人」拚命往上爬，有的則靠「吸食」其他樹木的營養生活。中國熱帶雨林中的一種榕屬植物，就是以絞殺其他樹木而站住「腳跟」的方式，爭得陽光。鳥啄食後這種樹的果實後，種子並不會消化，所以會隨糞便一起排出體外。由於鳥經常在樹木上棲息，所以種子常常落在樹枝上。種子落在哪棵樹上，這棵樹就算是被一顆「災星」纏上了。當榕樹的種子在寄主樹的枝杈間發芽後，幼苗可以長出兩種根。一種根纏繞著寄主的枝條或樹幹，用以固定自己；另一種根像繩索一樣懸於空中，這種根叫氣生根，氣生根會不斷地向地面生長。在它到達地面以前，這「無賴」只是靠附生在寄主樹的根從樹縫中獲取少量水分和養分。但是，一旦它的氣生根垂落到土壤，養分供應的來源就大大增加，植株迅速生長，直到寄主樹幹完全被它的氣生根所包圍，它的繁茂的樹冠遮住了本該寄生樹得到的陽光。最為惡毒的是，它的根緊緊地捆裹住寄生樹，直到最後將寄生樹活活勒死。我們看到的那高大的榕樹，其實是趾高氣昂的「寄生蟲」。那看似粗大的樹幹，實際上是它的氣生根，這就是為什麼大多數榕

樹都是「空心」的原因。

有很多植物中靠卑劣殘殺寄主而「洋洋自得」生活，也包括生活在熱帶的常綠喬木檀香樹、生活在北方的小灌木槲寄生，都是靠著寄生於其他樹上吸取寄主的營養而過活的樹木。

有些植物為了爭奪自己的勢力範圍，還會分泌或釋放一些有毒的化學物質，抑制其他植物的生長，以消滅競爭對手。如：大麥田裡雜草較少的原因是由於大麥的根能分泌大麥芽鹼和蘆竹鹼，致使周圍其他植物的生長受到抑制；鈴蘭是一種百合科多年生草本植物，它可以釋放一種具有揮發性的萜類化合物，這種有毒的氣體，可以使丁香「中毒」，很快凋萎死亡。

大櫨欖樹絕處逢生

廣闊的非洲土地上也分布著許多珍稀的物種，模里西斯有兩種特有的生物，一種是渡渡鳥，另一種是大櫨欖樹。渡渡鳥雖然有翅膀，但早因在陸地行走而退化，不僅不能飛，行動還非常遲緩，靠地面上的食物為生，身體碩大。大櫨欖樹是一種珍貴的樹木，樹幹挺拔，木質堅硬。渡渡鳥喜歡在大櫨欖樹樹林中生活，在渡渡鳥生活過或者經過的地方，大櫨欖樹總是枝葉繁茂，幼苗茁壯。

16 至 17 世紀時，歐洲人踏上模里西斯。身體碩壯、行動遲緩、肉肥味美的渡渡鳥很快便成為他們肆意捕食的食物，在來福槍的射殺和獵犬的追捕下，渡渡鳥自由自在生活的樂土再也不復存在。渡渡鳥的數量急遽減少，到西元 1681 年，最後一隻渡渡鳥被殺死。從此，地球上再也見不到那自由漫步在大櫨欖樹叢林下，憨態可掬的渡渡鳥了。

奇怪的是，渡渡鳥滅絕以後，大櫨欖樹也日漸稀少，似乎患了不孕

症。到 1980 年代，整個模里西斯也只剩下 13 株大櫨欖樹，眼看這種名貴的樹就要從地球消失了。

1981 年，美國生態學家坦普爾來到模里西斯。這一年正好是渡渡鳥滅絕 300 週年，而這些倖存的大櫨欖樹的年齡正好也是 300 年。就是說，渡渡鳥滅絕之時，正是大櫨欖樹絕育之日。一天，他找到了一隻渡渡鳥的骨骸，伴有幾顆大櫨欖樹的果實。他想，也許渡渡鳥與大櫨欖樹種子的發芽能力有關。這世上已經沒有渡渡鳥，但像渡渡鳥那樣不會飛的大鳥還有吐綬雞。於是，他讓吐綬雞吃下大櫨欖樹的果實。幾天後，從吐綬雞的排泄物中找到大櫨欖樹的種子。經過吐綬雞嗉囊的研磨，種子外殼已不像原先那麼堅硬、厚實。坦普爾把這些經過吐綬雞「處理」過的大櫨欖樹種子栽在苗圃裡，不久，居然綻出了綠油油的嫩芽。這不就是在地球上停止萌發了 300 年的大櫨欖樹的樹苗嗎？大櫨欖樹的不孕症被治好了，這種寶貴的樹木終於絕處逢生。

原來，渡渡鳥與大櫨欖樹相依為命，構成了巧妙的生態關係。鳥以果實為生，鳥又為樹催生。它們一榮俱榮，一損俱損，殺滅渡渡鳥，實際上也就扼殺大櫨欖樹的生機。

如果地球上沒有了植物 ————————

如果沒有植物，我們的地球會變怎麼樣呢？

這是一個可怕的問題，因為我們知道，綠色植物是氧氣的製造和供應者，沒有氧氣人類就無法生存。森林、花草樹木被稱為「地球之肺」，說明植物在地球的生態環境中發揮不可缺少的作用，它在生態系統中的位置

是不可替代的。

我們要善待自己的朋友，愛護植物、愛護樹木花草可以從日常生活中的一點一滴做起。當需要使用植物時，請不要掠奪式開發或無度砍伐；向河湖中排放汙水時，要想到生活在其中的水草；噴灑農藥時，要思考到這些有毒物質反而會毒害自己。

植物是萬物生活中必不可少的一部分。你是否曾想像過，假如沒有植物天底下的眾生將會怎樣？

所有生物都要呼吸，可是除了植物外，沒有什麼東西能再產生氧氣了。如果沒了植物，所有生命都會因缺氧而失去生命，這將是多麼悲慘啊！

「人是鐵，飯是鋼，一頓不吃餓得慌。」所有生物都需要食物，但植物是食物鏈中最基礎也是最關鍵的一環，沒有了它，吃植物的動物無法生存，而吃這些動物的動物，也會飢餓致死，一環扣著一環，最終所有生物都會滅絕。

植物還有保持水土的作用，可以防止山崩、土石流等自然災害。假如沒有植物，雨水和河流會把土壤沖刷得一乾二淨，最後整個地球的表面將全部是海水和岩石！

這看上去離我們很遙遠，其實近在咫尺！工業區漸漸取代森林，使得山崩、土石流等災害頻傳。讓我們一起來植樹造林，共同保衛我們的美好家園吧！

世界上如果沒有植物，那麼人類吃什麼？水果、蔬菜絕大部分來自土地，而在土地裡面生長的就是植物呀！說到這你也許會說人類可以捕殺動物呀！但是動物們也會面臨頻絕，最終人類也將束手無策。

　　世界上如果沒有植物，鹿、兔子、馬、牛、羊等多種以植物（如草）為食的動物吃什麼呢？如果動物們自相殘殺的話，改以別的動物為食，那就會造成全世界動物不斷銳減，最後面臨死亡。

　　世界上如果沒有植物，人們的生活還有什麼樂趣呢？人們無花可賞，那些以讚頌荷花、梅花、茉莉花的文人墨士，今後只能回憶花卉的美好。如果沒有植物，植物園、花園也將倒閉。

　　世界上如果沒有植物，那鳥兒能在哪裡築巢？又要怎麼築巢呢？還有可以棲息的地方嗎？猴子、松鼠又能在哪裡歇息呢？不可能在地面上，那樣只會被狐狸、老虎捉住，成為野獸的大餐。

　　世界上如果沒有植物，無論是動物或人類終將無法生存，後果不堪設想！所以，我們應該攜手來保護我們共同的家園！

植物帶給了我們什麼

　　綠色，給人清新、柔和、愜意之感。綠色植物，維繫著生態平衡，使萬物充滿生機。從化學角度看，它還微妙且精準反映我們周圍環境的特徵和變化，提供許多有用的資訊和物質。

　　綠色植物最為突出的作用，當然就是合成有機物。這個龐大的「吸碳製氧廠」吸取空氣中的二氧化碳，在日光和葉綠素的作用下，跟吸收的水分發生反應，形成葡萄糖，同時放出氧氣。

　　這樣，綠色植物就依靠自身完成無機物合成有機物的過程，綠色植物為地球上最大的氧氣和有機物製造廠，這個看似簡單的化學反應的意義是十分重大的。

　　在探勘礦物的過程中，植物有時也是重要角色。在有些金屬礦區的土壤中，如果金屬含量過高，一般植物是無法生長的；然而，有些植物卻能適應惡劣的環境，正常生長，這些植物就成為這些金屬的「指標植物」。比如，酸模、常山或某些石竹科植物的叢生之地，常會發現地下有銅礦。地下若有金礦石，上面往往長忍冬；地下有鋅礦，上面多長三色堇。蘭液樹分泌物裡鎳含量較高時，則是告訴人們可能有鎳礦！在美國也發現一種豆科植物——「灰毛紫穗槐」，是鉛礦的指標植物；他們還發現一種十字花科植物可以監測到硒礦。透過這些植物的幫助，人們不必透過地質勘探也能夠推測地下的礦藏了。

　　許多綠色植物還可以作為化學試劑。杜鵑花、鐵芸箕共生的地方，土壤一定是酸性的；馬桑遍野之地，土壤呈微鹼性；鹼茅、馬牙頭群居處，是鹽化草甸土的指標；如果蕁麻、接骨木的葉裡含有銨鹽，表示它們生長的土壤中含氮量豐富。

　　在大氣汙染日益嚴重的今天，不僅人類苦不堪言，就連植物也是深受其害。在南京某處，曾出現雪松因附近工廠排出的二氧化硫和氫氟酸，引起針葉發黃枯焦的事件。像雪松這樣敏感的植物，在有害物質濃度極低以至於人們感覺不到時，發揮大氣汙染的「報警器」的作用。

　　植物受到有害物質侵害時，一般有害氣體都是從葉片上的氣孔鑽入，因此葉片上往往出現肉眼看得見的各種傷斑。不同氣體引起的傷斑也會有所不同，如果傷斑是二氧化硫引起的，多出現在葉脈間，呈點狀或塊狀；而由氟引起的傷斑大多集中在葉子的尖端和葉片邊緣，呈環狀或帶狀。但是，並不是任何一種植物都可以反應出大氣汙染；一般來說，不同植物所能監控出的有害氣體也是不一樣的。比如苔蘚枯死，雪松呈暗褐色傷斑，棉花葉片發白，各種植物出現「煙斑病」，這是二氧化硫汙染的跡象；菖蒲

等植物出現淺褐色或紅色的明顯條斑，是氮氧化物中毒的不祥之兆；假如丁香、垂柳萎靡不振，出現「白斑病」，說明空氣中有臭氧汙染；要是秋海棠、向日葵突然發出花葉，多半是討厭的氯氣在作怪。其他的指標植物還有：紫花苜蓿、胡蘿蔔、菠菜可以監測二氧化硫汙染；菖蘭、鬱金香可以監測氟汙染；蘋果、玉米可以監測氯汙染等等。而像柳杉、銀杏、國槐等植物，甚至還可以吸收空氣中的汙染物，幫助我們淨化空氣呢！

此外，各種水生和沼生植物對淨化汙水也有明顯的作用。

曾有人在一個實驗水池中栽培蘆葦，測得從水中排除的懸浮物減少了 30%，氯化物減少 90%，有機氮減少 60%，磷酸鹽減少 20%，氨減少66%，總硬度減少了 33%。水池中的水經蘆葦的淨化，明顯變得純淨。

其他的水生植物在淨化汙水方面也是各顯神通，水蔥、田薊、水生薄荷等植物可以有效殺死水中的細菌；鳳眼蓮、浮萍、菹草、金魚藻等植物有較高的吸收水中重金屬等。這些對人類有害的物質，對於這些植物來說卻是必不可少的養分，使它們成為淨化汙水的好幫手。

鼠是農業發展和人們日常生活中的大敵 —— 牠不僅會偷吃食物，還有傳染疾病的風險，曾引起嚴重的瘟疫。多少年來，人們不斷發明新的滅鼠藥物，成效始終不佳。然而有些綠色植物其實就具有驅鼠的效果，這些驅鼠植物（還有一個有趣的名字叫「植物貓」）包括接骨木、芫荽、羊躑躅等，可揮發出對鼠類有劇毒作用的化學物質，或者是發出令鼠類無法忍受的氣味，達到驅鼠的目的。利用這些植物驅鼠，既有效又環保。

石油等能源面臨耗竭的危機，人們一方面探索新能源，如太陽能、潮汐能，另一方面，開始在綠色植物中尋找能源的替代品 —— 「石油人工林」，即直接能代替石油的烴類和油脂類的樹種，它的液汁甚至不用加工

就可以作為汽車的燃料。

在植物家族中，有一類植物具有改良土壤的能力，因而被稱為「綠肥」。人們常常請它們當開路先鋒，到十分艱苦的旱、澇、鹽、鹼、酸、瘠的鹽鹼荒地或紅壤荒地，它們這些地區不僅能扎根生長，還積極的替莊稼創造美好的生活環境。此外，綠肥植物多有強大的根系，能夠充分吸收利用深層的水分和養分。因此，在它們死亡腐爛後，土壤表層就留下了豐富的養分。據計算，如果每畝田地收成 1,500 公斤野豌豆，土壤裡就相當於增加 57 公斤氮肥、12 公斤磷肥、13 公斤鉀肥！像紫雲英、苜蓿等豆科綠肥，自身就是一個小小的化肥廠 —— 它們利用根瘤中的固氮菌，將空氣的氮氣合成為氮肥，每畝可產氮肥 50 公斤左右。綠肥植物是多麼大的肥料倉庫啊！

綠色植物的作用還有很多，無論是肉食性動物還是草食性動物，其食物都直接或間接來自綠色植物光合作用產生的有機物；經過加工，植物可作為燃料、肥料，也可以製成大量化工產品；某些植物體內含有特殊的珍貴物質，可提煉出來製作香料、藥物等等，綠色植物對於我們來說真是太重要了。

蔥鬱的枝葉，芬芳的果花，無不令人陶然。然而，誰又能想到這些貌似美麗和平的生物無時無刻不在進行著「化學戰」呢？植物化學武器的種類很多，幾乎都是有機物，酸類有香草酸、肉桂酸、乙酸、氫氰酸等；生物鹼類有奎寧、丹寧、小檗鹼、核酸嘌呤；醌類有胡桃醌、金黴素、四環素；硫化物有萜類、甾類、醛、酮、卟啉等等，這些化學武器存在於各類植物中，多集中於植物的根、莖、葉、花、果實及種子中，可隨時釋放。

植物間的化學戰有「空戰」、「陸戰」、「海戰」三類，其手段之多，用心之險，即使是人類也會自嘆弗如。

空戰：植物把大量毒素釋放於大氣中，形成大氣汙染讓其他植物中毒死亡。例如：加洋槐樹皮揮發一種物質能殺死周圍雜草，使根株範圍內寸草不生；風信子、丁香花也都是採用空戰治敵的。

陸戰：這些植物把毒素透過根尖大量排放於土壤中，抑制其他植物的根系吸收能力。如：禾本科牧草高山牛鞭草，根部分泌醛類物質，影響豆科植物旋扭山、綠豆生長，使之根系生長差，根瘤菌也明顯減少。

海戰：利用降雨或露水把毒氣溶於水中，形成水汙染而使對方中毒。如：桉樹葉的沖洗物，在天然條件下可以使禾本科草類和草本植物失去活力而停止生長；紫雲英葉面上的致毒元素 —— 硒，被雨淋入土中，就能毒死與它共同生存在同一環境的植物。

綠色植物是比人類古老得多的大家族，我們對它們其中複雜多變的化學現象了解還不算透澈。植物還藏有很多祕密，等待我們去研究、發現。

成千的植物物種被種植用來美化環境、提供綠蔭、調整溫度、降低風速、減少噪音、提供隱私和防止水土流失，人們會在室內放置切花、乾燥花和室內盆栽；室外則會設置草坪、蔭樹、觀景樹、灌木、藤蔓；多年生草本植物和花壇花草植物通常被使用於美術、建築、性情、語言、照像、紡織、錢幣、郵票、旗幟和臂章上。活植物的藝術類型包括綠雕、盆景、插花和樹牆等，觀賞植物有時會影響到歷史。植物相關的旅遊產業收入每年可達數十億美元，包括到植物園、歷史園林、國家公國、鬱金香花田、雨林以及有多彩秋葉的森林等地。植物也滿足人類生活的部分需求，例如每天使用的紙就是用植物製作的，一些具有芬芳物質的植物則被人類製作成香水、香精等化妝品。許多樂器也是由植物製作而成，而花卉等植物更是成為裝點生活空間的裝飾品。

讓我們的地球永保綠色 ——————

　　隨著人類文明不斷進步，地球上生物的多樣性卻與之相反，呈逐年減少趨勢。許多日益嚴重的環境問題，如全球氣溫升高、海洋大面積紅潮、土地沙漠化和水土流失等，都與生物多樣性的減少有相關性。如果放任這一趨勢，地球生態系統將受到嚴重影響。

　　植物作為整個生物鏈的基礎，對地球生態和人類繁衍的影響深遠。

　　只有人類的生活與自然界的發展處於和諧狀態，生物的多樣性才得以到保護，也才能確保社會持續發展，我們應該要這樣長遠思考。

　　植物，乃自然界百穀草木之總稱。由於它能周而復始的繁衍、生存，自然界不僅被裝點得多姿多彩，也成為人類賴以生存的基礎要素。長期以來，在人與自然之間，形成一種和諧、協調、共存的關係，植物環境成了人類生存的搖籃。然而，隨著社會與經濟的發展，人類對自然資源的需求越來越迫切，但又未重視對自然環境和資源的保護，對自然資源過度地進行開採與利用。不僅破壞人與自然原來和諧、協調的關係，也影響生態環境的平衡。尤其是對植物資源的消耗和破壞，使物種滅絕速度加速到歷史平均速度的 1,000 倍，甚至更高。據最新的資料顯示，目前，在世界上已知的 27 萬種維管束植物（蕨類和種子植物）中，大約有 3.5 萬種（占12.5%）正面臨著滅絕的危險。

　　植物在地球的生態環境中占有極為重要的角色，它們是獨一無二的天然基因庫，也是自然界送給人類最寶貴的財富。如果某個物種滅絕，也就無法重建，特別是珍稀植物，它們不僅稀少而珍貴，又常常生活在極端環境，面臨著絕種的威脅，而恰恰就是這些能抵禦極端環境的物種，存有人類特別需要的遺傳物質。因此，保護這些珍稀植物物種，不僅具有緊迫

性，且有著十分重要的潛在價值。為求得人類社會可持續發展，有識之士紛紛大聲疾呼，必須保護環境、保護這些稀有瀕危植物。由中國上海科學技術出版社出版的《中國珍稀植物》（由植物園界著名學者賀善安教授主編，1998 年 12 月第一版）一書的目的正在於此，表達「沒有植物就沒有人類」、「保護植物就是保護人類自己」的重要與意義。

植物的生存環境，就是人類的生存環境。「植物活得好，人才能活得好。」彼得‧雷文博士堅定地認為，保護植物的生存及多樣性，是保障人類福祉的基本資源，也將在維持整個地球生態系統基本功能方面發揮關鍵作用。保護的途徑，就是不要破壞植物的生存環境。

植物是全球生物多樣性中至關重要的一部分，它在維持生態系統基本功能方面發揮著關鍵作用，是人類和動物生存的基礎。除了供給人類基本食物和具有纖維的農作物外，植物也與人類生活息息相關，包含食物、藥品、衣料等都是植物製品。

科學調查和研究顯示，隨著生物多樣性的逐漸減少，整個地球生態系統的進化過程和各個物種的數量已產生不可逆轉的負面影響。與植物生態情形一致，野生動物物種也正在大量消失。國際植物園保育大會（Botanic Gardens Conservation International，簡稱 BGCI）祕書長莎瑞‧歐菲德打比方說，所有的動植物種類組成一張大網，如果網中間的部分繩索斷了，整個網還能存在，但如果太多網繩斷了，網就會徹底崩解。目前，珍稀和瀕危動植物就像快斷掉的網繩，不注意保護，我們很快會看到網崩解的那天。

事實證明，人類已經或正在面臨著由自身導致的地球生態危機。因為氣候惡劣、土地沙漠化、病蟲害和物種入侵等因素影響，全球農作物每年

減產 40% 左右。目前，全世界仍有 7.77 億人口處於飢餓狀態，平均每天有兩萬多人餓死。另據國際水資源管理學會提供的資料，目前全世界有大約 11 億人口缺水，其中中國和印度約有三分之一的人生活在絕對缺水的地區。預計 2025 年世界總人口的四分之一或發展中國家人口的三分之一，近 14 億人將嚴重缺水。因為環境汙染，全球還有 10 億以上的人得不到乾淨的飲用水，其中中國農村就有 3 億農民飲用著高氟水、高砷水和苦鹹水。

植物能源，是破解能源危機的一個選項。

除了影響人類基本生存，人類文明的發展也正遭遇著「生態瓶頸」。近年來，日益嚴重的能源危機已威脅到許多國家的經濟發展及國家安全。隨著石油、煤炭等礦產資源的枯竭，人類把發展目光轉向生物能源（主要取材於植物）。近年來，生物乙醇、生物柴油等新型燃料相繼提煉成功，植物逐漸成為人類的能源戰略物資。

一位植物園研究員認為，與石化能源相比，發展植物能源產業化有四大優勢：一是可供取材的能源植物資源種類豐富多樣；二是具有可再生性；三是可實現二氧化硫等廢氣零排放；四是可種植面積大，不會與糧食爭地，還有利於改善生態環境、增加農民收入。

以中國為例，以非糧食作物（如木薯、甘蔗、甜高粱等）和陳化糧為主要原料的乙醇加工，已全面形成產業化；而以麻風樹、油茶、黃連木和油菜為主要原料的生物柴油，也已成功走出實驗室，開始小規模生產。預計在 10 至 15 年後，植物能源將與水能、風能、太陽能等清潔能源一起，成為人類發展的主要能源。

肺是人體的重要器官，透過肺我們才能盡情呼吸新鮮的空氣，排出體

內的濁氣，維持人體正常的新陳代謝。可是你知道嗎？我們生活的地球也和人一樣是需要呼吸的，而森林就是地球用來呼吸的肺。

森林裡的樹木透過光合作用，能夠把太陽能轉換成各式各樣的有機物，吸收大量的的二氧化碳並釋放出氧氣。大氣中的二氧化碳和氧氣才能得以維持平衡，我們才能夠持續得到新鮮的空氣，所以才說「森林是地球之肺」，森林和自然界的生態平衡是息息相關的。

森林給予我們一個乾淨的生存環境，它不僅可以防止水土流失、防護風沙，還可以保護農田；對水循環也有至關重要的作用；樹木美化了我們的環境，減少了生活中大量的噪音汙染，對環境的影響顯而易見。樹木還可以培養出高尚的情趣。

然而當人們在呼吸新鮮空氣的同時，並沒有意識到要保護好樹木，維護生態的平衡。人們無情砍伐大量樹木，致使森林的面積不斷在縮減。為了滿足我們的需求，森林裡的樹木被製成各式各樣生活必需品。隨著森林的消失，伴隨而來的是異常氣候、二氧化碳的增加、水土不斷流失、環境持續惡化、災情也頻繁出現。人們卻無知的以為這只是正常的自然現象，殊不知這些正是因為亂採亂伐樹木才造成的後果，這一切的現象都是大自然對人們的吶喊。

森林像一道天然的屏障維護著陸地的生態平衡，是非常寶貴的資源。生態憂患已經對人類發出了嚴重的警告，保護森林其實就是保護我們人類自身的利益。愛護環境，保護每一棵樹木都是我們義不容辭的責任。保護環境，從你我做起。

珍惜森林，珍惜我們的生命，盡所能去保護屬於我們的森林，努力的挽救、擴大森林的種植，維護生態平衡的工作已經迫在眉睫。讓我們從今

天開始，保護好每一棵樹，愛護每一隻小動物，為世界的和諧美麗盡一份自己的綿薄之力。讓我們的地球能夠自由自在的去呼吸，永遠的美麗年輕下去。

如果每個人都在地球上種下一棵屬於自己的小樹，那麼多年後那片森林將會美化我們的地球。保護環境，愛護每一棵樹木，美化我們的地球，讓我們一起攜手共創我們美好的家園。

很久很久以前，地球母親賦予人類乾淨、美麗的自然環境，新鮮無汙染的空氣，幅員遼闊的大地，色彩翠綠的茂密森林，甘甜清澈的河水，豐富的礦藏資源等等，一切能夠讓人們足以生存的大自然。

然而人類的生活有了越來越多的需求，衣食住行、工業發展、科技不斷進步等等都在一天天的破壞著我們美麗的地球。樹木被無情的大量砍伐，河水被排放的廢水汙染，空氣一天天渾濁，寶貴的礦藏資源也被大量開採。雖然這一切可能是人們為了生存不得已產生的破壞，但是人們卻沒有意識到繼續破壞下去，我們賴以生存的環境將會變成什麼樣子。

南極的冰川在悄悄的融化；河流在無奈的哭泣；不斷的乾旱讓高原飽受煎熬；綠洲在一點一點逐漸消失；一些珍稀動物頻臨滅絕，只會成為歷史的記憶。雖然我們並不願意看到眼前的一幕幕，但是它卻正在真實的發生。

漫步街頭，汽車越來越多，排放的廢氣量自然也隨之上漲，我們的天空已不如以前那麼蔚藍；用來保護環境的草坪上，隨處可見廢棄的垃圾；路邊的水溝裡散發出的惡臭等等，這些我們常見的事情，都是一點一點扼殺地球環境的無情殺手。

隨著社會上的呼籲之聲越來越強烈，人們保護地球的意識也逐漸有所

增強。其實我們有很多可以保護環境的機會，有些對於我們來說也許只是舉手之勞。例如不要隨地吐痰；把垃圾丟進垃圾桶；不要再使用免洗餐具；妥善處理廢棄的電池；盡量不要使用塑膠袋造成白色汙染；盡量多種植一些樹木，不隨意踐踏草坪；保護我們的水源不去汙染它。這些看似簡單的小事都可以保護地球，環境問題已經不容我們小覷，盡自己的力量去保護它，是我們每個人都責無旁貸的事情！

我們都喜歡觀看美好的風景，看藍藍的天空，看滿天繁星的夜晚，聽小鳥歡唱，聽大海的聲音，這些都是地球帶給我們的美好。地球是我們人類現今唯一能夠居住的家園，像母親一樣提供一切生存所需要的條件。但是我們成長的同時，也要盡自己的能力去保護好地球母親。雖然我們沒有能力給地球母親什麼回報，但是我們可以用自己的微薄之力去愛護它。愛護地球、保護環境就從今天開始吧！愛護地球從我做起！

海洋裡無窮的寶藏

礦產資源

海洋中所蘊藏的礦產資源，其種類繁多，含量豐富，令人咋舌。在地球上已發現的百餘種元素中，有 80 餘種存在海洋中，其中可提取的有 60 餘種，這些豐富的礦產資源以不同的形式存在。海洋礦產資源對於經濟的發展占有重要地位，主要種類有以下幾種。

石油、天然氣

　　石油和天然氣是不可再生效能源，是現代工業的命脈。據估算，世界石油最大儲量達 1 萬億噸，可採儲量 3,000 億噸，其中海底石油 1,350 億噸；世界天然氣儲量 255 至 280 億立方公尺，海洋儲量占 140 億立方公尺。20 世紀末，海洋石油年產量達 30 億噸，占世界石油總產量的 50%。

　　海底的石油和天然氣，是海洋中的有機物質在合適的環境下產生，這些有機物質包括陸生和水生的低等植物，死亡後從陸地被沖入海中，或被江河沖刷下來，連同泥砂和其他礦物質一起在低窪的淺海或陸地上的湖泊中沉積，逐漸提高此處淤泥中的有機質含量。這種有機淤泥又被新的沉積物覆蓋、埋藏，造成一種不含氧或含極微量游離氧的還原環境。隨著低窪地區的不斷下沉、沉積物不斷堆積，有機淤泥所承受的壓力和溫度不斷增大，處在還原環境中的有機物質經過複雜的物理、化學變化，慢慢轉化為對人類影響甚大的石油和天然氣。經過數百萬年漫長時間的交替變化，有機淤泥經過壓實和固結作用後，變成沉積岩，並進一步生油岩層。

　　沉積盆地是指沉積物的堆積速率明顯大於其周圍區域，在一定特定時期，沉積岩沉積在像盆一樣的海洋或湖泊等低窪地區，並具有較厚沉積物的構造。沉積盆地在漫長的地質演變過程中，隨著地殼運動抬升，海洋變成陸地，湖盆變成高山，一層層水平狀的沉積岩層也跟著發生規模不等的彎曲、褶皺和斷裂等形變，從而使摻雜在泥砂之中具有流動性的點滴油氣離開它們的原生地帶（生油層），經「油氣搬家」再集中起來，儲集到儲油構造當中，形成可供開採的油氣礦藏，所以說，這一個個沉積盆地就像是一個個聚寶盆。

　　在儲油構造裡，由於油、氣、水所占比重不同，因此各自的分布也有

不同：氣在上部，水在下部，而石油層在中間。儲油構造包括油氣居住的岩層 —— 儲集層；覆蓋在儲集層之上避免油氣向上逸散的保護層 —— 蓋層；以及遮擋油氣進入後不再跑掉的「牆」 —— 封閉條件。只要能找到儲油構造，就不難找到油氣藏。油氣藏通常是多種型別的油氣藏複合出現，我們將多個油氣藏的組合稱為油氣田。

世界上，海洋油氣與陸地油氣資源一樣，分布極為不均。在四大洋及多個近海海域中，波斯灣海域的石油、天然氣含量最為豐富，約占總存量的 50% 左右；第二位是委內瑞拉的馬拉開波湖海域；第三位是北海海域；第四位是墨西哥灣海域；其次是亞太、西非等海域。中國也大量在開發南海油氣資源，是世界海洋油氣主要聚集中心之一。石油和天然氣是人們向海洋索取資源的一大重要成果。

濱海砂礦

在淺海礦產資源中，濱海砂礦的價值僅次於石油、天然氣，位居第二。

濱海砂礦種類繁多，儲量豐富，分布廣泛，它們多隱藏在砂堤、沙灘和海灣之中。那麼，這些砂礦是如何產生的呢？這些砂礦最初都是陸地上的岩石和礦體，經過上千萬年漫長的風化剝蝕、分崩離析，大的碎塊變小，小的碎屑變成砂粒。它們在風力和流水等自然力的作用下，隨著江河順流而下，從不同的方向流入海河口、海灣，堆積在淺海地帶而逐漸形成的。在這個蔚藍的星球上，每 1 分鐘大約有 3 萬立方公尺的泥砂被河流帶到海洋。這些含礦碎屑物在海流、潮流和海浪循環交替的作用下，按照它們比重、形狀和大小的不同，進行自然篩選。比重和大小比較接近的有用礦物，會聚集在一起，在較有利沉積的地貌上，如古河床、砂堤、沙嘴、

海灘、淺灣、岬角等，形成一種新的沉積礦床，這就是濱海砂礦。當它們的儲量充足具有工業意義和經濟價值時，人們便會對其進行開採利用。

海濱砂礦是一種很重要的礦產種類，許多有名的礦種就來自海濱砂礦。如，錫礦石主要分布於東南亞海岸；鋯石、獨居石和鈦鐵礦也產自海濱砂礦中，主要分布在美國、澳洲和印度沿海；金剛石砂礦主要產於西南非洲海岸；美國沿海還是砂金、砂鉑的著名產地。在中國廣闊的海岸線上，也蘊藏著豐富的海濱砂礦，目前已經發現有鋯石、獨居石、鉻鐵礦、鈦鐵礦、錫石、磷釔礦、石英砂等十幾種經濟價值極高的砂礦。

煤、鐵等固體礦產

我們知道，大陸架的岩石成分和地質構造，都是大陸向下水的延伸。它的礦產的形成方式及種類與大陸一樣，而與大洋礦產大相徑庭。這類礦產有煤礦、鐵礦、錫礦、硫礦等。在世界上許多近岸海底，已陸續開採出煤鐵礦藏。日本海底煤礦開採量占其總產量的30%，日本九州附近海底蘊藏著世界上最大的鐵礦之一，其他國家如智利、英國、加拿大、土耳其也陸續開採，亞洲一些國家在其近海海域還發現許多錫礦。中國大陸架淺海區廣泛分布有銅、煤、硫、磷、石灰石等礦，具有很高的應用價值。全世界已發現的海底固體礦產共有 20 多種。

多金屬結核和富鈷錳結殼

在廣闊的海洋底部，蘊藏著一種獨特的資源，這就是多金屬結核，又稱為錳結核。它是一種由包圍核心的鐵、錳氫氧化物殼層組成的核形石，核心可能極小，有時完全晶化成錳礦。肉眼可以看到的可能是微化石（放

射蟲或有孔蟲）介殼、磷化鯊魚牙齒、玄武岩碎屑，或是先前結核的碎片。殼層的厚度和勻稱性由於生成的時間不同而有所差異。有些結核的殼層間斷，兩面明顯不同。結核大小不等，小的顆粒用顯微鏡才能看到，大的球體直徑可超過 20 公分。結核直徑一般在 5 至 10 公分之間，呈棕黑色，像馬鈴薯、薑塊一樣堅硬。表面多為光滑，也有粗糙、呈橢圓狀或其他不規則形狀。底部長期埋在沉積物中，看起來要比頂部粗糙許多。

錳結核是如果產生的呢？科學家們認為，它是一種自生礦物，它的分布與海水深度、地質構造、海底洋流有關，通常在水深 4,000 至 6,000 公尺處有它們的蹤跡，其形成則與生物化學作用有關。目前，透過深海勘測，已經在太平洋、大西洋、印度洋的許多海區內發現錳結核，儲量約 3 萬億噸，陸續將會有許多國家開採並利用這種深海礦產資源。

富鈷錳結殼是除多金屬結核之外，又一種重要、潛在新型礦產資源，多產於海山、海嶺和海底臺地的頂部和上部斜坡區，通常以坡度較小、基岩長期裸露、缺乏沉積物或沉積層很薄的部位最富集。從地理緯度看，它們大多分布於赤道附近的低緯區，以中太平洋海山區最多，在印度洋和大西洋區域性海區也有發現。富鈷錳結殼的開採較為容易，美、日等國目前已設計出一些開採系統。由於其經濟價值更高，又生長在較淺的海山上，較為容易開採，人們普遍認為它將比結核資源更早地投入商業性開採，因此引起各國高度關注。

熱液礦藏

海底熱液就像海底的金屬「溫泉」，它像地表的溫泉一樣，但流出來的不是溫水，而是具有工業應用價值的金屬硫化物。

1960 年代中期，美國海洋調查船在非洲東北邊的紅海，首次發現了深海熱液礦藏。而後，一些國家又陸續在其他大洋發現這種礦藏，一共有 30 多處。

熱液礦藏是火山性的金屬硫化物，因此又被稱為「重金屬泥」。它的形成是由於地下岩漿沿海底地殼裂縫滲到地層深處，把岩漿中的鹽類和金屬溶解，變成含礦溶液，然後受地層深處高溫高壓作用噴到海底，在深海處泥土中形成豐富的多種金屬。通常，深海外溫度較低，而這些地方由於岩漿的高溫，可使溫度高達 50 度，故被稱為熱液礦藏。

熱液礦產分布在世界各地水深數百公尺至 3,500 公尺的海洋中，開採起來比較容易。主要元素為銅、鋅、鐵、錳等，另外還有銀、金、鈷、鎳、鉑等，所以又有「海底金銀庫」之稱。饒有趣味的是，重金屬色彩鮮豔，有黃、藍、紅、黑、白等多種顏色，因此近年來熱液礦產引人注目。

由於技術條件的限制，人們還不能立即開採海底熱液礦藏，但它是一種具發展價值的海底資源寶庫。一旦能夠進行工業性開採，它將與海底石油、深海錳結核和海底砂礦共同成為海底四大礦種，發揮出它重要的作用。

可燃冰

可燃冰看起來像一塊冰霜，是水與天然氣在 0 度和 30 個大氣壓的作用下形成的晶體物質，學名為天然氣水合物。可燃冰裡甲烷占 80% 至 99.9%，可直接點燃，燃燒後幾乎不產生任何殘渣，汙染比煤、石油、天然氣要小得多，是未來潔淨的新能源。

可燃冰是一種甲烷水合物，它是由海洋板塊活動而成的。當海洋板塊

下沉時，較古老的海底地殼會下沉到地球內部，海底石油和天然氣便隨板塊的邊緣湧上表面。在深海中低溫、高壓的條件下，天然氣與海水產生化學作用，就形成水合物。這些水合物像一個個淡灰色的冰球，因此稱為可燃冰。

可燃冰的能量密度非常高，1 立方公尺可燃冰相當於 170 立方公尺的天然氣。經粗略統計，在地殼表面，可燃冰儲層中所含的有機碳總量，大約是全球石油、天然氣和煤等化石燃料含碳量的兩倍。海底可燃冰分布的範圍約 4,000 萬平方公里，占海洋總面積的 10%，海底可燃冰的儲量夠人類使用 1,000 年，具發展前景。

據相關調查顯示，全世界石油總儲量在 2,700 億至 6,500 億噸之間。按照目前的消耗速度，再 50 至 60 年左右全世界的石油資源將消耗殆盡。可燃冰的發現，讓陷入能源危機的人類看到了新的曙光。

可燃冰主要有三種開採方案。第一是熱解法，即利用可燃冰在加溫時分解的特性，使其由固態分解出甲烷蒸汽，但這種方法的弊端在於不好收集。第二種方法是降壓法，有科學家提出將核廢料埋入地底，利用核輻射效應使其分解，但面臨和熱解法同樣的難題。第三種方法是置換法，想辦法將二氧化碳液化注入「可燃冰」儲層，用二氧化碳將甲烷分子置換出來。無論採用哪種方案，由於可燃冰結構的特殊性和海底環境的複雜性，對可燃冰礦藏的開採極其困難。與陸地上的常規開採相比，可能會破壞地殼穩定平衡，造成大陸架邊緣動盪而引發海底塌方，甚至導致大規模海嘯，帶來災難性的後果。可燃冰的開採就像一把雙刃劍，在考慮其資源價值的同時，必須充分重視它的開採將帶給人類嚴重環境災難。

可燃冰帶給人類希望，但也有不可低估的困難，只有合理、科學地開發和利用，才能真正造福人類。

食物資源

　　海洋是生命的搖籃，從第一個有生命力的細胞誕生至今，仍有 20 多萬種生物生活在海洋中。從低等植物到高等植物，從草食性動物到肉食性動物，加上海洋微生物，構成了一個龐大的海洋生態系統，蘊藏著不可限量的生物資源。據統計，全球海洋浮游生物的年生產量為 5,000 億噸，在不破壞生態平衡的條件下，每年可提供給人類夠 300 億人食用的水產品，可以說這是一座極其誘人的食物寶庫。

海洋食品對於人類的貢獻

　　在很久以前，人類就已經開始食用海洋中的食物了。古埃及人曾在尼羅河和地中海上捕魚，並試圖在池塘裡進行人工養殖，因為魚類是他們蛋白質的最佳來源。古希臘人也廣泛地利用海水和淡水中的魚類、貝類，他們將魚類和貝類製作成美味的罐頭以及鹹魚乾。

　　雖然人類在歷史上很早就開始食用海洋中的食物，但追溯到幾百年前，幾乎沒有關於海洋生物撈捕方面的資料。為什麼會是這樣呢？那是因為人們對海洋食物的營養成分還沒有完全了解，也還不知道它對人類健康的重要性，以至於許多年來海洋食物一直未受到重視。

　　隨著社會的發展，人們透過研究發現，海洋食物中含有蛋白質、碳水化合物、類脂化合物、維生素和礦物質，這些都是人類生長發育、健康長壽必不可少的營養成分。

　　藻類在海洋生物資源中占有特殊的重要地位，人們常食用的藻類有：藍藻中的地木耳、髮菜、葛仙米、大螺旋藻；綠藻中的綠紫菜、苔菜、石蓴；紅藻中的紫菜、石花菜；褐藻中的海帶、裙帶菜。大多數海藻性甘、

味寒、屬鹹,是人們頗為喜愛的產品。

藻類食品含有豐富的營養成分,具體如下:

蛋白質:不同種類的藻類植物其蛋白質含量也不同,一般綠藻和紅藻的含量高於棕色海藻,綠藻的蛋白質含量介於 10%至 26%之間,而紅藻的含量更要高一些,紅藻的有些種類的蛋白含量可達到 47%,遠遠超過了黃豆的蛋白質含量。海藻的蛋白質含量會跟隨季節發生變化,通常冬季末和春季的蛋白質含量較高,夏季的蛋白質含量較低。

糖類:藻類植物的糖類含量較高,多數是有黏性的糖類。這些糖不易消化,營養價值不高,但具有調理腸胃的作用。

維生素:藻類富含多種維生素,其中 β- 胡蘿蔔素含量最高,特別是紫菜,每 100 克熟紫菜的 β- 胡蘿蔔素含量可達 4,164 微克。

灰分:藻類植物普遍都含有豐富的灰分,如髮菜中的鈣含量可達 2.5%,海帶中則為 1.3%;紫菜中含鉀量達 1.6%,海帶中則為 1.5%;海藻中碘含量高,如海帶為 0.2%至 0.5%,裙帶菜為 0.02%至 0.1%,碘對預防甲狀腺腫大有很好的功效。

除了藻類植物,在海洋生物中最重要、最活潑的當屬動物資源,其中有 1.5 至 4 萬種魚類,對蝦等殼類 2 萬多種,貝殼等軟體動物 8 萬多種,還有鯨、海參、海豹、海象、海鳥等,構成了生機勃勃的海洋世界。在海洋水產業中,魚類是水產品的主體,占據最重要的位置。

目前,世界各地從海洋中捕撈的大量水產品中,90%以上是魚類,其餘為鯨類、甲殼類和軟體動物等。魚類種類繁多,可供食用的就有 1,500 種之多。魚類全身是寶,營養價值高,味道鮮美,經常食用可健腦益智。

說到水產品,就不能不提魚、蝦、蟹,牠們可謂是席上珍饈。其中生

長在南極的一種磷蝦含水分 80%、蛋白質 12%、脂肪 3%、灰分 3%，其蛋白質含量是牛肉的 20 倍，因此被譽為「21 世紀的流行食品」。

貝類種類繁多，生活在各個海區，較容易找到，所以人們很早就開始捕食，其中比較有經濟價值的是鮑魚、淡菜、扇貝、竹蟶、牡蠣、魷魚等。牠們味道鮮美、營養豐富，倍受人們的喜愛。

海洋漁場

我們知道，海洋世界存在著多條食物鏈。在海洋中，有了海藻就會出現貝類，有了貝類就會出現小魚乃至大魚。世界上大部分的漁場都在近海，這是因為藻類生長需要陽光和矽、磷等化合物，只有近海才具備這樣的條件。1,000 公尺以下的深海水中含有豐富的矽、磷等元素，但它們無法浮到溫暖的表面層。因此，只有少數範圍不大的海域，在自然力的作用下，深海水自動上升至表面層，從而使這些海域海藻叢生，魚群密集，成為富饒的漁場。

綜合考慮，一般溫帶海區的漁場較多。這是因為，溫帶海區季節變化顯著，冬季表層海水和底部海水發生交換，上層的海水含有豐富的營養鹽類，有利於浮游生物繁殖。此外，寒暖流交會和冷海水上層處，餌料很豐富，所以此處也可形成不可多得的漁場。

廣義來說世界有五大漁場，它們分別是：

1. 北太平洋漁場：包括北海道漁場、中國舟山漁場、北海道漁場、北美洲西海岸眾多漁場在內的廣闊區域。

2. 東南太平洋漁場：包括祕魯漁場在內的廣闊區域。

3. 西北大西洋漁場：包括紐芬蘭漁場在內的廣闊區域。

4. 東北大西洋漁場：包括北海漁場在內的廣闊區域。

5. 東南大西洋漁場：包括非洲西南部沿海漁場在內的廣闊區域。

　　世界上大多數漁場在水深幾百公尺以內海域，80% 的面積屬於大陸架淺海。那麼，怎樣才能讓海洋深處的海水上升到表面層，形成有利漁場的條件呢？海洋學家們找到了突破口，他們利用回升流的原理，在那些光照強烈的海區，用人工方法把深海水抽到表面層，然後在那裡培植海藻，再用海藻飼養貝類，並將加工後的貝類餵養龍蝦。令人驚喜的是，這一系列實驗是成功的。

　　相關專家認為，海洋食品庫擁有無限的潛力。目前，產量最高的陸地農作物每公頃的年產量換算成蛋白質只有 0.71 噸，以科學的角度計算同樣面積的海水飼養產量最高可達 27.8 噸，其中有 16.7 噸還具有較大的商業競爭力。

　　當然，從科學實驗到實際生產往往會遇到一些不可想像的困難。其中最主要的是從 1,000 公尺以下的深海中抽水需要相當數量的電力，這麼龐大的電力如何產生呢？顯然，在現今條件下，還很難滿足這一需求。

　　不過天無絕人之路，科學家們還是找到了關鍵方法，他們準備利用熱帶和亞熱帶海域表層（熱源）和深層（冷源）的水溫差來發電，這就是所謂的海水溫差發電。也就是說，設計的海洋漁場將和海水溫差發電站聯合在一起，進而達到預想中的效果。

　　據專家說，由於熱帶和亞熱帶海域光照強烈，在這一海區可供發電的溫水多達 6,250 萬億立方公尺。如果人們每次用 1% 的溫水發電，再抽同樣數量的深海水用於冷卻，將這一電力用於漁場的養殖，每年可得各類海產品 7.5 億噸。它相當於 1970 年代中期人類消耗的魚、肉總量的 4 倍。

透過這些數字不難看出，海洋很有可能成為人類未來的糧倉。

　　傳統漁業已達到或超過海洋的再生能力，所以人們只能轉向於研究海洋生物資源開發技術，龐大的海洋生物資源，等待著人類去探索與開發。

海洋能源

　　廣闊的海洋不僅蘊藏著豐富的礦產資源和食物資源，更有真正意義上取之不盡的海洋能源。它既不同於海底所儲存的煤、石油、天然氣等海底能源資源，也有別於溶於水中的鈾、鎂、鋰、重水等化學能源資源，它有自己獨特的方式與形態，魅力無窮。

海洋能源的含義及特點

　　海洋能源就是海洋中的可再生能源，海洋透過各種物理過程接收、儲存和散發能量，這些能量以潮汐、波浪、溫度差、鹽度梯度、海流等形式存在於海洋之中。它的種種優點吸引著各方積極研究。

　　海洋能源有四個顯著特點，它們分別是：

1. 海洋能源占海洋總水體的一大部分，而單位體積、單位面積、單位長度所擁有的能量較小，意思是要想得到大能量，就要從大量的海水中獲得。

2. 海洋能源具有可再生性，並不用透過燃燒生成，而是來自太陽輻射能與天體間的萬有引力，只要太陽、月球等天體與地球共存，這種能源就不會枯竭。

3. 海洋能源有較穩定與不穩定能源的區別。較穩定的能源有溫度差能、

鹽度差能和海流能。不穩定能源又分為兩種，一種是變化有規律，一種是變化無規律，屬於不穩定但變化有規律的有潮汐能與潮流能。現實中，人們可根據潮汐潮流變化規律，編製出各地逐日逐時的潮汐與潮流預報，預測未來所發生的潮汐大小與潮流強弱。潮汐電站與潮流電站可根據預報表調整發電作業。波浪能則屬於既不穩定又無規律。

4. 海洋能源屬於新型的清潔能源，使用它發電不必消耗燃料，也不產生廢物、廢液、廢氣，不需要運輸。開發海洋能源不會產生新的汙染，對環境的影響小於傳統的能源開發產業，而且利大於弊。可說是最具綠色環保意念的「蔚藍力量」。

海洋能源的種類

海洋能源的種類主要分為以下幾種。

1. 潮汐能

所謂潮汐能，就是因月球引力的變化引起潮汐現象，潮汐導致海水平面週期性地升降，因海水漲落及潮水流動所產生的能量。

潮汐能可以像水能和風能一樣用來推動風車等，也可以用來發電，現今潮汐能的主要功能就是發電。

利用潮汐能發電，首先要做的就是在海灣或河口建築攔潮大壩，形成水庫，在壩中修建機房，安裝水輪發電機，利用水位差使海水帶動水輪機發電，建造潮汐發電站還有利於海產養殖業的發展。

世界上，潮汐能主要多分布在潮差較大的喇叭形海灣和河口地區，如加拿大的芬迪灣、巴西的亞馬遜河口、南亞的恆河口和中國的錢塘江口等

都蘊藏著大量的潮汐能。

以中國來說，海岸線的長度為 1.8 萬公里，潮汐能資源十分豐富。在潮汐能資源的開發利用上，目前中國沿海地區已經修建了一些中小型潮汐發電站。在溫嶺江廈港，就有一座中國規模最大的潮汐發電站 —— 江廈潮汐發電站，它是世界第三、亞洲第一大潮汐發電站。不過潮汐發電站受潮水漲落的影響，具有高度不穩定性，海水對水輪機及其金屬構件的腐蝕及水庫泥沙淤積問題都較嚴重。這些問題都是急需解決的，只有將這些做好，才能更有效率的利用潮汐能來發電。

2. 波浪能

波浪能有許多優點，比如能量密度高、分布廣泛。特別是在能源消耗較多的冬季，可以利用的波浪能能量也最大。

具體而言，波浪能就是指海洋表面波浪所具有的動能和勢能。海洋表面的海水受太陽輻射給予的熱量，可以說它是世界最大的太陽能收集器。溫暖的地表海水，造成與深海海水之間的溫差，由於風吹過海洋時產生風波，這種風波在遼闊的海洋表面上，風能以自然儲存於水中的方式進行能量轉移，因此，說波浪能是太陽能的另一種濃縮形態，並不是沒有道理的。

在所有海洋能源中，波浪能是最不穩定的一種能源。波浪能是由風把能量傳遞給海洋而產生的，事實上是吸收風能而形成，它的能量傳遞速率與風速有一定關係，也和風與水相互作用的距離（即風區）有關。水團相對於海平面發生位移時，使波浪具有勢能，而水質點的運動，則使波浪具有動能，從而使波浪能發揮出作用。

在風較多的沿海地帶，波浪能的密度通常都很高。例如，英國沿海、美國西部沿海和紐西蘭南部沿海，以及中國浙江、福建、廣東等都是風

區，能有較好的波能。臺灣沿海的波能也算豐富，在發展工業經濟時功不可沒。

波浪能之所以能夠發電是透過波浪能裝置，將波浪能首先轉換為機械能，再最終轉換成電能。這一技術源自於 1980 年代初，西方海洋大國利用新技術優勢紛紛展開實驗，但受客觀條件和技術影響，所獲得的效果效益有好有差。

3. 海流能

簡而言之，海流所儲存的動能就是海流能，海流能的能量與流速的平方和流量成正比。與波浪能相比，海流能的變化要平穩且有規律得多，故海流能有很大的開發價值。

海流能的利用方式主要是發電。1973 年，美國研製出一種名為「科里奧利斯」的巨型海流發電裝置，該裝置為管道式水輪發電機。機組長 110 公尺，管道口直徑 170 公尺，安裝在海面下 30 公尺處。在海流流速為每秒 2.3 公尺條件下，該裝置獲得 8.3 萬千瓦的功率。此外，日本、加拿大也持續致力於研究試驗海流發電技術。

相比陸地上的江河，利用海流發電要方便得多，它既不受洪水的威脅，又不受乾旱的影響，幾乎以常年不變的水量和一定的流速流動，為人類提供了可靠的能源。

利用海流發電，除了上面所說的類似江河電站管道導流的水輪機外，還有類似風車槳葉或風速計那樣機械原理的裝置。一種海流發電站，有許多轉輪成串地安裝在兩個固定的浮體之間，在海流沖擊下呈半環狀張開，看起來很像花環，因此被稱為「花環式海流發電站」，它是目前海流發電站的主要形式。

4. 海洋溫差能

海洋是一個龐大的吸熱體，仔細研究不難發現，地球上的海洋除了南北的極地和部分淺海外，通常不會結冰，尤其是赤道附近的海域，海水表面溫度幾乎是恆溫的，因此在描述海洋時人們都說它是溫暖的。海洋深處的海水溫度卻很低，一年四季溫度只有攝氏幾度，吸收不到太陽能，與海洋上層的溫水比較，大約有 20 度的溫差。在熱力學上，凡有溫度差異都可用來做功，這就是我們所要講的海洋溫差能。

大多數情況下，海洋溫差是指南緯 25 度至北緯 32 度之間海域中海水深層與表層的溫度差，臺灣即擁有很好的海洋溫差條件。

海洋溫差能的主要功能是利用溫差發電。海洋溫差發電主要採用兩種循環系統，一種是開式，一種是閉式。在開式循環中，表層溫海水在閃蒸蒸發器中，由於閃蒸而產生蒸汽，蒸汽進入汽輪機做功後流入凝汽器，由來自海洋深層的冷海水將其冷卻。在閉式循環中，來自海洋表層的溫海水先在熱交換器內將熱量傳給丙烷、氨等低沸點工質，使之蒸發，產生的蒸汽推動汽輪機做功後再由冷海水冷卻。在這個循環的過程中，可以不斷地將海水的溫差變成電力，由此使發電成為實現。

5. 海洋鹽差能

所謂鹽差能，就是指海水與淡水之間或兩種含鹽濃度不同的海水之間的化學電位差能，這種能量主要存在於河流與海洋的交接處。同時，淡水豐富地區的鹽湖和地下鹽礦也可以利用鹽差能。鹽差能是海洋能源中密度最大的一種可再生能源，很早之前人們就已經發現海洋鹽差能可以用來發電。

其發電原理主要是：當把兩種濃度不同的鹽溶液盛在一個容器中時，

濃溶液中的鹽類離子就會自發地向稀溶中擴散，一直到兩者濃度達到一致。所以，鹽差能發電，就是利用兩種含鹽濃度不同的海水化學電位差能，並將其轉換為有效電能。有學者在經過詳細的計算後發現溫度達 17 度時，如果有 1 莫耳鹽類從濃溶液中擴散到較稀的溶液中，就會釋放出 5,500 焦的能量來。因此專家推論只要有大量濃度不同的溶液可供混合，就一定會有強大的能量釋放出來。經過進一步計算還發現，如果利用海洋鹽分的濃度差來發電，它的能量可排在海洋波浪發電能量之後，但又大於潮汐能和海流能。

利用鹽差能發電有多種方式，比如滲透壓式、蒸汽壓式和機械 —— 化學式等，其中較受關注的是滲透壓式方案。將一層半滲透膜放在不同鹽度的兩種海水之間，透過這個膜會產生一個壓力梯度，迫使水從鹽度低的一側滲透到鹽度高的一側，從而稀釋高鹽度的水，直到膜兩側水的鹽度變成一致。此壓力稱為滲透壓，它與海水的鹽濃度及溫度有著很大的關聯。

據統計，地球上存在的可利用的鹽差能達 26 億千瓦，其能量甚至比溫差能還要大。由此可見，海洋中蘊藏著強大的能量，只要海水不枯竭，其能量就生生不息。作為新型的能源，海洋能源已引起全世界越來越多人的興趣。

化學資源

海洋是化學資源的故鄉。為什麼這樣說呢？因為海水是一種化學成分複雜的混合溶液，包括水以即溶解在水中的多種化學元素和氣體。海水中究竟含有哪些化學資源？它們又有哪些作用呢？下面將告訴你答案。

海水中有多少種化學元素

　　徜徉在大海中幾乎是每個人都十分嚮往的體驗，湛藍的天空，清涼的海水，起伏的波浪，置身於藍天碧海之間，頓時忘卻了暑熱的煩惱，放鬆緊張的神經。可是，如果你是第一次在大海裡游泳，一定要注意掌握好海浪起伏的規律，否則一個浪花襲來就會嗆到。如果真的吸入海水，你的第一反應很有可能是，海水怎麼又苦又鹹？

　　海水之所以苦鹹，是因為海水溶解著大量化學物質，其中除了我們平常食用的食鹽氯化鈉之外，還有氯化鎂、硫酸鎂、氯化鉀、碳酸鎂等。在目前世界上已發現的 92 種天然元素中，有 80 多種都能在海水中找到。

　　為了更深入研究和開發海洋，科學家們早在 200 年前就開始對海水中存在著的物質開始研究，並獲得了不小的成果。

　　科學家經過研究發現，除了構成水的元素 —— 氫和氧之外，海水溶解著的物質幾乎都是由 11 種元素組成的。很巧的是，這些元素的含量與海水的重量相比，均大於每公斤 1 毫克。也就是說，在 1 噸海水中，它們的含量都大於 1 公斤。因而這 11 種元素被稱為海水的主要溶解成分，它們都屬於微量元素。

　　根據這些元素在海水的中含量由大到小排列，它們依次為：氯（Cl）、鈉（Na）、鎂（Ng）、硫（S）、鈣（Ca）、鉀（K）、溴（Br）、碳（C）、鍶（Sr）、硼（S）和氟（F）。

　　不過這些元素在海水中的存在形式並不都是物質分子，它們大多以離子的形式存在，其中金屬元素鈉、鎂、鈣、鉀、鍶以陽離子的形式存在；非金屬離子氯根、硫酸根、碳酸氫根（包括碳酸根）、溴根和氟根以陰離子形式存在；只有硼酸這一元素是以分子的形式存在海水中。

　　西元 1819 年，英國科學家馬塞特投入實踐中，他首先分析取自大西洋、北冰洋、波羅的海、黑海和黃海的 14 個樣本，得出鎂、鈣、鈉、氯和硫酸根 5 種離子之間的比例呈現一定的規律性。西元 1884 年，英國科學家迪特馬爾分析世界主要大洋和海區，從不同深度採集的 77 個樣本，又進一步擴充海水主要溶解元素的比例關係。

　　1960 年代中期，英國某研究所對世界各大洋及相關海區不同深度的海水進行檢測，並得出海洋表層水、中層水和深層水中主要溶解成分的含量。1975 年，科學家們對海水中主要溶解成分進行一次全面性的總結。

　　大量的實驗證明，在世界各大洋的海域，儘管海水的含鹽量會隨著海域的不同和海水的深淺而發生變化，但在含量方面，海水的主要元素之間的比例關係卻近乎恆定。因此，人們在分析海水的主要化學成分時，只要測定出其中任何一種主要成分的含量，不僅能夠得出海水的鹽度，而且還可以計算出其他主要元素的含量，如此一來，省下海水分析工作的繁瑣程序。海水主要元素之間這種特定的關係，人們把它稱作海水的相對比例定律。

　　這時或許你會問，海水的主要元素之間為什麼會出現這一恆定比例關係，會不會發生變化？

　　之所以會出現這種關係，一是由於這些元素在海水中的變化性很小，其性質較為穩定；另一點是由於海水總是處於運動中，海水已經過了上萬次的「攪拌」，混合得相當充分。但是，並不是所有海域都具備這一特性，例如在近海及河口區，由於大陸河流的影響，河水中的大量物質堆積在海洋中，而使區域性海水中的鈣離子、硫酸根和碳酸氫根離子大於正常海水中該元素的含量。在某些生物生長繁茂的水域，其生物在繁殖過程中

吸收鈣和鍶，所以這些水域中的上層鈣和鍶要少於下層的含量。簡單來說，海水中的化學元素含量比例仍會因為一些因素而改變。

各種化學元素的作用

鉀是植物生長發育不可少的一種重要化學元素，它是海洋寶庫賜予人類的又一大寶物。海水中的鉀鹽資源非常豐富，但由於鉀的溶解性低，在 1 公升海水中僅能提取 380 毫克鉀，而且鉀與鈉離子、鎂離子和鈣離子共存，要想將它們分離並不容易，從而使鉀的工業開採一直沒有什麼大的發展。目前，已有採用硫酸鹽複鹽法、高氯酸鹽汽洗法、氨基三磺酸鈉法和氟矽酸鹽法等從製鹽滷水中提取鉀；採用二苦胺法、磷酸鹽法、沸石法和新型鉀離子富集劑從海水中提取鉀。從可持續利用資源角度來看，開發海水鉀資源非常具有意義。

溴是一種貴重藥品的主要組成部分，可以生產許多消毒藥品。例如我們都很熟悉的紅藥水，就是溴與汞的有機化合物，溴還可以製成燻蒸劑、殺蟲劑、抗爆劑等。地球上 99% 以上的溴都分布在寬廣的大海中，故溴有「海洋元素」的稱號。19 世紀初，法國化學家發明了提取溴的方法，這個方法也是目前為止工業規模海水提溴的有效方法。此外，樹脂法、溶劑萃取法和空心纖維法這些提溴新技術正在進一步研究中。溴的用途很廣，但它含有一定的毒性，因此使用時都有嚴格的規定。

鎂具有重量輕、強度高等特點，它不僅大量用於火箭、導彈和飛機製造業，還可以用於鋼鐵工業。鎂作為一種新型無機阻燃劑，已被運用於多種熱塑性樹脂和橡膠製品的提取加工中。另外，鎂還是組成葉綠素的主要元素，可以促進作物對磷的吸收。鎂在海水中的含量僅次於氯和鈉，位居第三，主要存在形式是氯化鎂和硫酸鎂。從海水中提取鎂並不是一件困難

的事，只要將石灰乳液加入海水中，沉澱出氫氧化鎂，注入鹽酸，再轉換成無水氯化鎂就能做到。運用電解海水的方法也可以從中得到金屬鎂。

鈾是一種高能量的核燃料，是發展核武器和核能工業的重要原料。1,000 克鈾所產生的能量相當於 2,250 噸優質煤。陸地上的鈾礦很稀少，而海水水體中含有幾十噸的鈾礦資源，約相當於陸地總儲量的 2,000 倍。

從 1960 年代起，日本、英國、聯邦德國等陸續開始從海水中提鈾，並且逐漸總結出多種海水提鈾的方法，以水合氧化鈦吸附劑為基礎的無機吸附劑的研究進展最快。現在人們評估海水提鈾可行性的重要依據，仍是一種採用高分子粘合劑和水合氧化鑽製成的複合型鈦吸附劑。發展到今天，海水提鈾已從基礎研究轉向開發應用研究。日本已建成年產 10 公斤鈾的中試工廠，一些沿海國家也將建造百噸級或千噸級鈾工業規模的海水提鈾廠這一計畫提到日程上。整體來說，從海水中提取鈾的研究方興未艾，從已有的研究成果來看，海水提鈾有著良好的發展前途。

鋰有著「能源金屬」的美譽，是用於製造氫彈的重要原料，海洋中每公升海水含鋰 15 至 20 毫克，海洋中的鋰儲量預估有 2,400 億噸。隨著受控核聚變技術的發展，同位素鋰 6 聚變釋放的強大能量也將被人類使用。鋰也是生產電池的理想原料，含鋰的鋁鎳合金在航太工業中占有重要地位。此外，鋰在化工、玻璃、電子、陶瓷等領域也有著廣泛的應用。全世界對鋰的需求量正以每年 7% 至 11% 的速度增加，而陸地上鋰的儲量有限，因此海洋必定會成為開發鋰的新領域。

重水在海洋中的含量也較大，是原子能反應堆的減速劑和傳熱介質，也是製造氫彈的原料，如果人類研究的受控熱核聚變技術得到很好的解決，從海水中大規模提取重水的夢想將成為現實，大大造福於人類。

　　除了上述已經形成工業規模生產的多種化學元素外，海水還無私地奉獻給人類其他微量元素，因此我們更應該珍惜海洋的賜予。

海洋藥物

　　海洋是一個潛力無窮的天然藥源，目前從海洋生物中提製的藥品大約達 2 萬種，可謂琳琅滿目。海洋藥物按其用途大致可分為心腦血管藥物、抗癌藥物、抗微生物感染藥物、癒合傷口藥物、保健藥物等，有人稱海洋為人類未來的「大藥房」。

海洋生物活性成分的研究

1. 海洋天然活性成分的發現

　　要想開發海洋藥物，首先要對海洋天然活性成分進行研究。海洋生物種類繁多，存在著許多特殊的次級代謝產物。然而，目前對海洋生物中活性成分的發現還處於初級階段，經過較系統的化學成分研究的海洋生物不超過 1%，還有大量海洋生物有待於進行系統的化學成分研究和活性篩選。研究重點主要集中在低等的海洋生物上。一般情況下，海洋天然活性成分具有複雜的化學結構，而且含量很低，要想建立快速、微量的提取分離和結構測定方法，以及應用多靶點的生物篩選技術發現新的生物活性成分，對科學家來說是一個不小的挑戰。

2. 海洋天然活性成分的結構最佳化

　　海洋生物中所含的大量活性天然成分，有的能夠直接進入藥品的研究開發，有的則不可以，因為其中有些成分存在著活性較低或毒性較大等問

題。需要將這些活性成分作為先導化合物進一步進行結構最佳化，如結構修飾和結構改造，使得這些成分活性更高、毒性更小，再進入到藥品的研究開發中。

3. 解決藥源問題

許多海洋天然活性成分的含量較低，原料採集困難，使得該化合物進行臨床研究和產業化受到限制，因此尋找經濟的、人工的、對環境無破壞的藥源已勢在必行。採用化學合成的方法進行化合物的全合成是解決藥源問題的一個重要方法，現在已經有很多海洋活性天然產物實現全合成的技術。

發掘新的海洋生物資源

海洋生物資源是一個龐大且有待人們深入開發的資源，環境的多樣性決定了生物的多樣性，同時也決定了化合物的多樣性。發掘新的海洋生物資源已成為海洋藥物研究的一個重要發展趨勢，不可輕視。

1. 海洋微生物資源

我們知道海洋中微生物種類繁多，其代謝產物的多樣性也是陸生微生物無法與其項背的，但能進行人工培養的海洋微生物只有幾千種，還未超過總數的 1%。目前為止，以分離代謝產物為目的而被分離培養的海洋微生物就少之又少。由於微生物可以經發酵工程獲得大量發酵產物，以確保藥源的品質。此外，海洋共生微生物有可能是其宿主中天然活性物質的真正產生者，具有較大的研究意義。

2. 海洋罕見的生物資源

分布在深海、極地以及人煙稀少的海島上的海洋動植物，含有某些特殊的化學成分和功能基因。在 6,000 公尺以下海洋深處，曾發現具有特殊的生理功能的大型海洋蠕蟲，在水溫高達 90 度的海水中仍有細菌存活，這為生物界的研究提供了一個新的方向。

3. 海洋生物基因資源

在自然界，海洋生物活性代謝產物是由單個基因或基因組編碼、調控和表達獲取的，獲得了這些基因就代表可以獲得這些化合物。海洋藥用基因資源的研究將大大有利於新的海洋藥物的研究和開發。

海洋生物基因資源細分為以下兩種：

（1）海洋動植物基因資源：包括活性物質的功能基因，如活性肽、活性蛋白就屬此類。

（2）海洋微生物基因資源：包括海洋環境微生物基因及海洋共生微生物基因。

4. 海洋天然產物資源

人類對海洋天然產物的研究已有數十年的歷史，並從中累積了相當豐富的研究資料，為海洋藥物的開發提供了充足的科學依據，它的意義十分重大。

（1）對已經發現的上萬種海洋天然產物，採用多靶點的方式進行篩選，發現新的活性。

（2）對已經發現的海洋天然產物進行結構修飾或結構改造。

（3）使用組合化學或生物合成技術，衍生更多的新型化合物，從中篩

選出新的活性成分。

5. 海洋中藥資源

中藥是華人世界傳統醫藥的主要代表之一，海洋中藥則是華人世界中藥寶庫的不可或缺的組成部分，是一種民間長期用藥經驗的總結。經現代臨床實踐證明療效確切的海洋藥物有 110 多種，是尋找先導化合物和開發海洋藥物的重要資源。從海洋中藥開發新藥具有針對性強、見效快、週期短等優點，發展前景樂觀。

海洋藥用生物價值

現知海洋藥用生物達 1,000 種以上，分別隸屬海洋細菌、真菌、植物和動物的各個門類，它們能對人體和其他動植物發揮良好的藥效。

海洋藥用植物：目前已發現 100 多種海洋藥用植物，它們多分布在藍藻門、綠藻門、褐藻門、金藻門、甲藻門和紅藻門。中國最早的藥學專著《神農本草經》記載海藻：「味苦寒，主癭瘤氣，頸下核，破散結氣，癰腫症瘕堅氣。」另《本草綱目》中記載：「（紫菜）主治心熱煩躁，癭結積塊之痰，宜常食之。」海帶的提取物和製劑有緩解心絞痛、鎮咳、平喘的功效，對高膽固醇、高血壓、動脈硬化症有很好的治療效果。

海洋藥用動物：現知的海洋藥用動物約在 1,000 種以上，研究較多的有腔腸動物、海洋軟體動物、海洋節肢動物、海洋棘皮動物、海洋魚類、海洋爬行動物和海洋哺乳動物，幾乎包括所有門類。

藥用腔腸動物：現知的數量有數十種，分布在水螅蟲綱、缽水母綱和珊瑚蟲綱中。如《本草綱目拾遺》中指出白皮子（指海蜇）「味鹹澀，性溫，消痰行積，止帶祛風」，用於高血壓、婦科疾病、小孩發燒、氣管

炎、哮喘、胃潰瘍等。柳珊瑚的前列腺素衍生物，可用於節育、分娩、人工流產、經痛、胃潰瘍和氣喘，此外還能夠調節血壓和促進新陳代謝。

藥用軟體動物：世界上有數百種，多分布在多板綱、雙殼綱、腹足綱和頭足綱。如中國傳統醫學經典著作《黃帝內經》中，記載有以烏（即烏賊）骨作丸、飲以鮑魚汁治療血枯，《神農本草經》亦記載近江牡蠣等 6 種海洋藥用軟體動物。淡菜能養腎清補、降低血壓、抗心律不整。珍珠具有鎮驚安神、養陰熄風、清熱解毒、養顏美容、延緩衰老等多種功效。

藥用節肢動物：最受關注的是軟甲綱中十足目的種類，主要包括蝦類、寄居蟹類和蟹類，以及肢口綱中的鱟類。如寄居蟹有清熱散血、滋陰補腎、壯陽健胃、除溼熱、利小便、破瘀解毒、消積止痛、抑制膽固醇等功效，而且含有一定的抗癌成分。對蝦有補腎壯陽、健脾化痰、益氣通乳等功效，可以用來治療腎虛陽痿、腰痠膝軟、中風後半身不遂、氣血虛弱、產後乳汁不足等症。據藥典介紹，鱟肉能治療痔瘡、殺蟲、治紅眼、青光眼等，鱟膽可治蕁麻疹，鱟殼尾刺燒成灰能治久咳、高燒和婦科疾病，現已廣泛應用於臨床和製藥工業。

藥用棘皮動物：現知數量有數十種，研究較多的是海參綱、海膽綱和海星綱中的種類。如刺參有和胃止痛、消腫排膿的功能，可以用來治療治神經衰弱、消化不良、子宮脫垂、白帶過多、陽痿等症。紫海膽有制酸止痛、清熱消炎的功效，用於胃及十二指腸潰瘍、甲溝炎等。由陶氏太陽海星和羅氏海盤車製成的海星膠代血漿，具有良好的治病效果。

藥用魚類：現知的有數百種，主要分布在圓口綱、軟骨魚綱和硬骨魚綱三個綱。如海洋魚類普遍含有廿碳五烯酸，這種成分具有防治心血管疾病的功能。鯊魚中的角鯊烯有抗癌的用途。海馬、海龍是著名的強壯補益中藥，具有補腎壯陽、散結消腫、舒筋活絡、止血止咳等功能，主治神經

衰弱、婦女難產、乳腺癌、跌打損傷、哮喘、氣管炎、陽痿、疔瘡腫毒、創傷流血等。鯔和鯪有健脾益氣、消食化滯的功用，對消化不良、小兒疳積、貧血等有特效。

藥用爬行動物：目前已知的有數十種，包括海蛇類和海龜類。如玳瑁為名貴中藥，具有定驚、清熱解毒之功，適應於治熱病神昏、譫語、驚厥等症。海蛇類均有藥用價值，海蛇肉能滋補強壯，海蛇膽有行氣化痰、清肝明目等效能，海蛇血能補氣血、壯筋骨，海蛇油用於治療凍傷、燙傷、皮膚皸裂，海蛇酒有驅風活血、止痛等作用。海龜具有滋陰潛陽、柔肝補腎、清火明目、祛風除溼、止咳化痰的效果，可用於陰虛陽亢、熱病傷陰虛風動、風溼痺證、關節疼痛、咳嗽等症的治療。

藥用哺乳動物：中國現知的藥用哺乳動物有十多種，主要分布在鯨下目和鰭腳目。如真海豚的脂肪、肝、腦垂體、胰、卵巢等都是寶貴的藥材，能提製抗貧血劑、胰島素，以及催產素和促腎上腺皮質激素等多種激素。斑海豹雄性的陰莖和睪丸入藥（即海狗腎），有補腎壯陽、益精補髓的功效，主要用於虛損勞傷，腎精衰損所致的陽痿、滑精、精冷、腰膝冷痛或痿軟等；脂肪入藥（即海狗油）有潤滑肌膚、解毒的效用，用於治皮膚皸裂、凍傷等；肝和膽對肋膜炎有很好的治療效果。

遼闊的海洋是尚待人類開發的資源寶庫，也是極其誘人的藍色藥庫。在未來世紀，海洋藥物開發必將登上一個新的臺階。

奇妙無窮的海洋世界 ————————

不可思議的藍色星球

在太陽系傳統的九大行星中，地球具有得天獨厚的優勢。地球的大小和質量、地球與太陽的距離、地球繞太陽執行的軌道以及自轉週期等因素相互的作用和配合，使得地球表面大部分地區的平均溫度保持在 15 度，剛好適中，以致它的表面同時存在著三種狀態（液態、固態和氣態）的水，而且地球上的水大多數是以液態海水的形式匯聚於海洋之中，形成一個規模很大的含鹽水體 —— 世界海洋。在太陽系中，地球是唯一一個擁有海洋的星球，「水的行星」之稱也由此而來。

海色和水色

乍看之下，海色和水色這兩個詞是同樣的意思，其實它們是兩個完全不同的概念。

海色是指人們所看到的大面積的海面顏色。熟悉大海的人都知道，海色會因天氣狀況而產生變化。當風和日麗、晴空萬里時，海面會呈現出蔚藍的顏色；當旭日東昇、朝霞映輝之下，或者夕陽西下、光輝反照之際，大海看起來會是金燦燦的；而當陰雲密布、風暴來襲時，海面又顯得陰沉晦澀，一片暗暗的深藍色。當然，這種受天氣狀況影響而造成的視覺印象只是一種表象，它並不代表海洋水顏色的真實面貌。

水色是指海洋中的水本身所呈現的顏色。它是海洋水對太陽輻射能的選擇、吸收和散射現象綜合作用的結果，它不會受天氣變化的影響。平

時，我們所看到的陽光，是由紅、橙、黃、綠、青、藍和紫七種顏色的光合成的。由於顏色不同，其光線、波長也不相同。而海水對不同波長的光線，無論是吸收還是散射，都具有較強的吸收性。在吸收方面，進入海水中的紅、黃、橙等長波光線，在 30 至 40 公尺的深度時，幾乎全部被海水吸收，而波長較短的綠、藍、青等光線，尤其是藍色光線，則不容易被吸收，且大部分會反射到海面上；在散射方面，整個入射光的光譜中，藍色光是被水分子散射得最多的一種顏色，當藍色遇到水分子或其他微粒時就會四面散開，或反射回來。正是因為這個原因，從太空看，地球就成了美麗的藍色「水球」。

藍色星球

海洋水體的透明度及水色，是由海水本身的光學特性決定的，它們與太陽光有著密切的關係。一般情況下，太陽光線越強，海水透明度越大，水色就越高（科學家按海水顏色的不同，將水色劃分為不同等級，以確定水色的高低），光線透入海水中的深度也就越深。反之，太陽光線越弱，海水透明度就越小，水色就越低，透入海水中的光線也就越淺。所以，隨著透明度的逐漸降低，海洋的顏色通常會由綠色、青綠色轉變為青藍、藍、深藍色。

此外，海洋水中懸浮物的性質和狀況，也會影響海水的透明度和水色。大洋部分，水域遼闊，懸浮物較少，且顆粒細小，透明度較大，水色一般會呈現出藍色。接近陸地的淺海海域，由於大陸泥沙混濁，懸浮物較多，且顆粒較大，透明度較低，水色在大多時候呈綠色、黃色或黃綠色。

從地理分布的角度看，大洋中的水色和透明度會因為緯度的不同而出

現差異。熱帶、亞熱帶海區，水層穩定，水色較高，多為藍色；溫帶和寒帶海區，水色較低，海水一般不會顯得那麼藍。當然，海水所含鹽分或其他因素，對水色也會有一定影響。海水中的鹽分較少，水色多為淡青；所含鹽分較多，就會顯得非常藍。

海洋漫談

　　或許你還不知道，在深不見底的海洋裡，潛伏著比聖母峰的高度還要深得多的海溝，流淌著亞馬遜河都自嘆不如的河流，海洋是那麼神祕而多姿多彩。

　　經過大量的調查、探測和計算，人們得知地球是一個扁圓狀球體。赤道半徑稍長，平均為 6,378 公里，極地半徑稍短，平均為 6,357 公里。地球的平均半徑為 6,371 公里。在總面積達 5.1 億平方公里的地球上，海洋擁有 3.61 億平方公里的面積，平均水深為 3.8 公里。而陸地的平均高度則只有 0.84 公里，與海洋無法相比。假如地球是一個平滑的球體，將海洋水平鋪在地球表面，世界上將會出現一個深達 2,440 公尺的環球大洋！

　　在地球的南北兩半球，海陸的分布並不平衡。北半球海洋占 61％，陸地占 39％；南半球海洋占 81％，陸地僅占 19％。這一分布特點對地球熱量的分配有重要的作用，影響全世界的氣候變化。海洋與地球上的氣候息息相關，它調節大氣的溫度和溼度。海洋中的藻類每年約產生 360 億噸氧氣，占大氣含氧量的四分之三，同時吸收占大氣約三分之二的二氧化碳，從而保持了大氣中氣體成分的平衡，使地球上的生命一代代進化和繁衍。

　　生活中，大多數人都習慣將地球上的連續水域稱為世界海洋。實際上，海洋是「海」和「洋」的總稱，「海」和「洋」是兩個不同的概念。通

常，人們將深度在 2,000 至 3,000 公尺以上，離大陸比較遠且面積遼闊，有獨立的潮汐和海流系統，溫度、鹽度、密度、水色、透明度等水文條件較為穩定，不受大陸影響的，稱之為「洋」；而離大陸較近，深度較淺，一般在 2,000 至 3,000 公尺以下，水文條件由於受大陸影響，會產生明顯的季節變化的，人們稱之為「海」。與洋相比，海要小得多，僅占海洋總面積的 11%。

深厚的海水，使人類難以真正認識深海底部，以至於在人類早就踏上月球的今天，仍然無法在海洋底留下足跡。但是仍未減少人類對深海的興趣，因為它還有著許多未知的祕密。

帶著對海洋的熱愛與好奇，讓我們一起去深入探索這個幽深而富饒的神祕世界、完整地呈現海洋的壯美遼闊！

洋流

相信有很多人都見過海洋，即使沒有親眼看到，也都透過電視、電影有所了解。現在我們可以想像一下，站在海邊，眺望遠處海面，我們能感受到寧靜；但看向近處海岸，海水不斷地沖刷著沙灘，或輕輕地拍打著岸邊的礁石。從遠處和近處的差別，能看出海水並不是那麼平靜，而是時刻都處在運動中。其中，洋流是海水運動的主要方式之一。

洋流的形成

洋流也稱海流，是海洋中以水平方向流動著的龐大水體，它具有一定的規律性與穩定性。洋流的形成原因有很多，主要是因為長期定向風的推動。世界各大洋的主要洋流分布與風帶有著密切的關係，但洋流流動的方

向和風向一致，在北半球向右偏，南半球向左偏。在熱帶、副熱帶地區，北半球的洋流基本上是圍繞副熱帶高氣壓以順時針方向流動，在南半球以逆時針方向流動。值得一提的是，由於每條洋流始終都是沿著固定的路線流動，因此，在無線電尚未發明以前，航海者和遇難的船員常利用洋流來傳遞訊息。他們將寫好的信密封在瓶子或其他容器裡，放入海洋中，讓洋流把它帶來其他地方。

洋流可分為寒流和暖流兩種。所謂寒流，簡單來說，就是從高緯度流向低緯度的洋流。環南極洋流，是在西風推動下由西向東環繞非洲、南美洲和澳洲與南極間的廣闊海域流動的洋流，屬於寒流。它不會受到大陸的阻礙，隨風自由漂流，所以又稱西風漂流。這股洋流寬約 300 至 2,000 公里，表層流速每小時 1 至 2 公里，是世界大洋中規模最大的寒流，也是最大的洋流。冷洋（寒流流經區域）在與周圍環境進行熱量交換時，吸收大量熱能，使洋面和它上空的大氣失熱減溼。例如，北美洲的拉布拉多海岸，由於受拉布拉多寒流的影響，水面一年有 9 個月都處於凍結狀態。寒流經過的區域，大氣比較穩定，降水量較小。像祕魯西海岸、澳洲西部和撒哈拉沙漠的西部，就是由於沿岸有寒流經過，導致當地氣候乾旱少雨，形成沙漠。

而暖流則是從低緯度流向高緯度的洋流。墨西哥灣暖流（簡稱灣流），是世界上最強大、影響最深遠的一支暖流。該暖流在佛羅里達海峽流過時，流速可達每晝夜 130 至 150 公里。它寬約 150 公里，深約 800 公尺，表層水溫達 27 度至 28 度，總流量每秒 7,400 至 9,300 萬立方公尺，幾乎是全世界河流總流量的 60 倍！暖流攜帶的大量熱能，使北美東部沿海一帶和歐洲西北部的氣候顯得溫暖溼潤。如緯度較高的英國、挪威等國港口，能夠終年不封凍，甚至使位於北極圈內的摩爾曼斯克港也成為不凍

港。再如，對中國東部沿海地區的氣候影響重大的「黑潮」，是北太平洋中的一股強大的、較活躍的暖性洋流。它流經東海時，夏季表層水溫達到30度左右，比同緯度相鄰的海域高出 2 度至 6 度，比中國東部同緯度的陸地亦偏高 2 度左右。黑潮不僅提到了沿海地區的溫度，還為中國的夏季風增添了大量水氣。根據研究資料顯示，氣溫相對低而且氣壓高的北太平洋海面吹向中國的夏季風，只有經過黑潮的增溫加溼，才會為中國東部地區帶來充沛的降水和熱量，形成夏季高溫多雨的氣候。

洋流之所以會影響氣候變化，主要是透過氣團活動而發生的間接影響。因為洋流是它上空氣團的下墊面，它能使氣團下部發生改變，氣團運動時便會將這些特徵帶到它所經過的區域，使氣候產生變化。通常來說，只要有暖洋經過，當地的氣候就會比同緯度的地方溫暖；只要是冷洋流經過的沿岸，氣候比同緯度的地方寒冷。這就是洋流帶來的氣候變化。

正是由於洋流一直在不停地運動，南來北往，川流不息，對高低緯度間海洋熱能的輸送與交換，對全球的熱量平衡發揮著重要作用，進而幫助調節地球的氣候。

大洋環流

眾所周知，人和動物的體內都有血液，血管遍布全身，靠它來運送生命所需物質，維持身體健康。但你可能不知道，海洋也流淌著「血液」。打開一張海流圖你會發現，上面那些像蚯蚓般的曲線，代表著海水流動的大概路線。它們首尾相連，反覆循環，其實這就是大洋環流，人們形象地將它稱為「海洋的血液」。

大洋中的洋流規模非常大，它的流動形式也是多種多樣，除表層環流

外，還有在下層裡暗自流動的潛流、由下往上的上升流、向底層下沉的下降流等。由此可知，洋流並不都是朝著同一方向流動的。在北太平洋，表層有一個順時針環流外，在南太平洋還有一個反方向的環流。它們由南赤道流、東澳洲流、西風漂流和祕魯海流組成的逆時針方向的環流。在大西洋的南部和北部也各有一個環流，規模形式與太平洋相差無幾。北大西洋環流由北赤道流、墨西哥灣流、北大西洋流和加那利海流組成；南大西洋環流由南赤道流、巴西海流、西風漂流和本格拉海流組成。印度洋有著與以上兩大洋明顯的區別，它只在赤道以南有個環流，位於印度洋中部赤道以北，洋域太小，又受陸地影響，所以環流長年不穩定。由於季節變化，印度洋北部的洋流方向，在夏季是從東向西流，並在孟加拉灣和阿拉伯海形成兩個順時針的小環流；冬季則相反，洋流由西向東流。北冰洋由於地理位置較特殊，且受大西洋洋流的支配，因此只有一個順時針的環流。

那麼，為何會形成大洋環流呢？風、大洋的位置、海陸分布形態、地球自轉產生的偏向力（稱為科氏力）等都產生影響，可以說是多種因素綜合在一起的結果。大風不僅會掀起浪，還能吹送海水成流。常年穩定的風力作用，可以形成一股強烈旺盛的海流。長久不停息的赤道流，就是受信風帶的偏東風吹拂而形成的。穩定的西風漂流，則要歸功於強而有力的西風帶。所以，海洋表層流又被稱作是「風海流」。但是，大洋環流形成的「環」，並不都是風的作用。大陸的分布和地轉偏向力的作用，也是不容忽視的。當赤道流一路西行，來到大洋西部時，大陸阻擋了它前進的方向，此時它有兩種選擇，一是原路返回東岸，二是繞過去。但是，由於「後續部隊」洶湧澎湃、源源不斷地跟進來，全部返回是很難的，只好分出一小股潛入下層返回，成為赤道潛流；其他大部分只能轉彎另闢蹊徑，繼續前進。究竟該往哪裡轉彎呢？這時，地轉偏向力幫助了它。在地球的北部，

洋流受地轉偏向力的作用，會向右轉，而在地球的南部則使它向左轉。加上大陸的阻擋，水到渠成，大部分洋流便會向極地方向彎曲。在洋流向極地方向進軍的過程中，地球自轉一刻也沒有停止，越來越偏移，大約到緯度 40 度時，強大的西風帶與地轉偏向力形成合力，使海流成為向東的西風漂流。同樣的道理，西風漂流到大洋東岸附近，必然會向赤道流去，形成一個大循環。

海嘯

海嘯是海浪的一種特殊形式，它是由火山，地震或風暴引起的。海嘯波在大洋中不會妨礙船隻的正常航行，但在靠近海岸的地方能量集中，威力強大。

海嘯概況

在這個藍色的星球上，大海的力量是一切自然力量中最令人捉摸不透的。在古希臘神話中海神波塞頓（Poseidon）主宰著海洋，他手上總是握一把叉子，乘風破浪而來，狂風暴雨，山崩海嘯，破壞力極強。從古至今，來去神祕而又致命的海嘯一次次襲擊人類，排山倒海般的海水淹沒城市，吞噬生命。究竟是什麼原因使海嘯如此猖狂？

海嘯與一般的海浪不同，它通常是由海底地震、火山爆發和水下滑坡等所引起的。和風驅動的海浪相比，地震海嘯的週期、波長和傳播速度都要大上幾十倍或上百倍。所以，海嘯的特色以及它對海岸的影響，均與風驅動產生的海浪有著很大的區別。一般的海浪，其波長為幾公尺到幾十公尺，波長週期約為幾秒，傳播速度也很慢。然而海嘯的波長可達幾百公里

的海洋巨波，不管海洋有多深，波都可以傳播過去，海嘯在海洋的傳播速度大約每小時 500 至 1,000 公里，而相鄰兩個浪頭的距離也可能遠達 500 至 650 公里，大致相當於波音 747 飛機的速度。當海嘯波進入大陸架後，由於深度變淺，波高突然增大，捲起的海浪高可達數十公尺，看起來就像是一堵「水牆」。

雖然傳播速度快，但在深水中海嘯並不會帶來什麼危險。海嘯是靜悄悄地不知不覺地通過海洋，然而如果出其不意地發生在淺水中，就會帶來很大的災難，對人類的生命和財產造成不可挽回的損失。

海嘯的類型

根據其機制，海嘯可分為兩種類別，一種是「下降型」海嘯，一種是「隆起型」海嘯。

「下降型」海嘯：某些斷層地震引起海底地殼大幅度急劇下降，海水會以最快的速度向突然錯動下陷的空間湧去，並在其上方出現海水大規模積聚，當湧進的海水在海底遭遇阻力後，就會翻回海面產生壓縮波，形成長波大浪，並向四周傳播與擴散，這種下降型的海底地殼運動所產生的海嘯在海岸首先表現為異常的退潮現象。也就是說，如果出現異常的退潮現象，很有可能就是海嘯即將來臨的警訊。1960 年 5 月，智利中南部的海底發生強烈的地震，其所引發的巨大海嘯就屬於此種類別。

「隆起型」海嘯：某些斷層地震引起海底地殼大幅度急劇上升，海水也會隨著隆起的部分一起向上升，並在隆起區域上方積聚大量海水，在重力作用下，海水必須保持一個等勢面以達到相對平衡，於是海水從波源區向四周擴散，形成洶湧巨浪。這種隆起型的海底地殼運動形成的海嘯，在海

岸最為明顯的現象就是異常的漲潮。1983 年 5 月 26 日，中日本海發生 7.7 級地震，其所引起的海嘯就是這一類別。

世界海嘯知多少

據相關資料顯示，海洋發生的大地震造成海嘯的大約占四分之一。歷史上，許多國家都曾遭受過海嘯的侵襲。

西元前 16 世紀，在希臘的基克拉澤斯群島最南端，桑托林島火山發生了一次極為猛烈的火山噴發，火山噴發後只有桑托林島和一些小島孤獨地矗立在愛琴海中。據後來的研究顯示，此次由火山噴發引起的海嘯巨浪高出海平面 90 多公尺，並波及到 300 公里外的尼羅河。

西元 1498 年 9 月 20 日，日本東海出現最大波高 20 公尺的地震海嘯，在伊勢灣沖毀上千座建築，死亡人數達 5,000 多人。在伊豆，海浪侵襲至內陸達 2,000 公尺多，伊勢志摩地區災情十分嚴重。

西元 1755 年 11 月 1 日，葡萄牙首都里斯本附近海域發生強烈地震後不久，海岸水位逐漸退落，露出整個海灣底。此時，人們禁不住好奇心的誘惑，紛紛到海灣底「探險」。然而沒過幾分鐘，波峰到來，滔天巨浪沖上海岸，吞噬了幾萬條生命，城市也被淹沒。西班牙瀕臨大西洋的海港加的斯也遭到了 10 公尺巨浪的襲擊，此次海嘯還波及周邊多個國家的群島。

西元 1783 年 2 月 5 日，地中海一個名叫墨西拿的海峽發生大震，海嘯和洪水隨之而來，使墨西拿城陷於滅頂之災。同年 4 月 8 日，該地再次遭遇地震，經過兩個月的折磨，直接死於地震和海嘯的達 3 萬餘人。1908 年 12 月 28 日，墨西拿海峽又一次發生 7.5 級地震，同時引發海嘯，當地 8.5 萬人失去生命。

西元 1883 年 8 月 26 日和 27 日，印尼喀拉喀托火山噴發，將 20 立方公里的岩漿噴到蘇門答臘和爪哇之間的巽他海峽。當火山噴發到最高潮時，岩漿噴口倒塌，引發一次巨大海嘯。爪哇梅拉克的海浪高達 40 餘公尺，蘇門答臘的直落勿洞巨浪也高達 36 公尺，造成 3.6 萬人死亡。

西元 1896 年，日本三陸地區發生海嘯，雖然這次海嘯沒有發生直接的地震災害，卻使 2.7 萬人喪失性命。著名的日本關東大地震引發的海嘯也十分驚人，造成 8,000 餘艘船隻沉沒，5 萬多人淹死，並使沿岸大小港口無法正常使用。

1946 年 4 月 1 日，夏威夷發生大海嘯。45 分鐘過去後，滔天巨浪首先向阿留申群島中的尤尼馬克島伸出了「魔爪」，徹底摧毀了一座架在 12 公尺高岩石上的水泥燈塔，和一座架在 32 公尺高的平臺上的無線電差轉塔。之後，海嘯以極快的速度向南掃去，摧毀夏威夷島上的 488 棟建築物，159 人遇難。

1960 年 5 月，智利的地震海嘯導致數萬人死亡和失蹤，沿岸的碼頭全部無法正常使用，200 萬人流離失所。這次災難不僅波及智利，還使美國、日本、俄羅斯、中國、菲律賓等許多國家與地區，都在一定程度上受到了影響。

1978 年 7 月 17 日，距離巴布亞紐幾內亞西北海岸 12 公里的俾斯麥海區發生了芮氏 7.1 級強烈地震。20 分鐘後發生 5.3 級餘震。之後一切似乎慢慢回到平靜，但誰也沒有料到接下來會發生更大的災難。巨大的轟隆聲由遠而近，很多村民以為只是一架噴氣式飛機飛臨，都紛紛出來看熱鬧，轉眼間，一股巨浪橫掃而來，它足有 20 公里長、10 公尺高，綿延橫亙在西薩諾潟湖與海灘之間的 7 個村莊頓時消失不見。僅短短的幾分鐘，西太平洋這人間仙境變成了可怕的地獄。1 萬人中生還者不超過 3,000 人。

　　海洋是賜予人類生命的源泉，但在它平靜的外表下隱藏著狂暴和無情。災難警醒我們，應該記住教訓，加快科學研究，摸清海洋的「脾氣」，與海洋和諧相處。

從遐想到探索

　　在這個美麗的星球上，幾乎所有的國家都有過「創世」的神話，而這些神話大多數都與海洋有關。

西伯利亞 ── 阿爾泰的創世神話

　　起初地球上除了水之外，什麼也沒有。上帝和魔鬼那時候的樣子像極了鵝，每天都漂浮在原始海洋上。

　　魔鬼總想飛上來，但每次準備飛的時候反而會沉入海底，幾乎快要窒息，於是只好求助上帝。上帝運用法力讓一塊島從海裡升起，再讓魔鬼從海底抓一把土，接著說：「讓世界成形吧。」話剛落，這把土就開始慢慢變大、變硬。但魔鬼非常有心機，它偷偷將一把土藏在嘴裡，這把土也跟著變大，大得快要將他的嘴撐破。上帝知道後，立刻要它把土吐出來，於是大地上就有了沼澤，魔鬼隨後也變成了人。

北美迪埃格諾人的創世神話

　　最早的時候並沒有陸地，只有一片廣袤的原始海洋。在海洋深處住著一對兄弟，他們每天都閉著眼睛，因為倘若不這麼做，鹽水就會傷害到他們的眼睛。有一次，哥哥走出海洋向四處望去，除了水什麼也沒有看到。弟弟也跟著上浮，但半途中他睜開眼睛，眼睛受到傷害，只好返回海底。

後來，哥哥獨自留在海面上，打算創造一片陸地。他先做了些紅色的小螞蟻，這些螞蟻一下子變得非常多，甚至填滿海水，因此世界上就出現陸地。

海神的傳說

在各種創世神話中，關於海神的記載寥寥無幾，海神的傳說最早出現在巴比倫文明中。曾經居住在現今伊拉克東南部的巴比倫人非常崇敬「艾亞」，她是個海神，長得很像一隻美人魚。在西元前 3000 年時，據說有個優秀的潛水夫魯勞克斯，為了探索海洋的祕密，奮勇投身海洋之中。他的無畏精神深深感動了上帝，於是上帝讓他成了一個不死的海神。在希臘神話中，全體海神的首領是波塞頓，他發怒時，會用三叉戟拍打海面，引起狂風。希臘人為了討好海神，就在懸崖峭壁上建立了一座氣勢宏偉的海神廟。

中國古代關於海洋的傳說

在中國古代，關於海洋的傳說有些特別。在關於海龍王和蝦兵蟹將龜宰相的傳說之前，則認為以泰山為中心，北到恆山燕山腳下，南達揚子江入海口，東至冀浙海濱，這片三角形的地域稱為中州，又名中原。環繞在中原周圍的則是海洋，每片海洋都有一個皇帝統治。

在古代人們的眼裡，海洋是一個充滿黑暗和恐怖的地方。「海」這個字「從水從晦」。晦，所代表的意思就是晦暗。晉人張華的《博物志》中記載：「海之言，晦昏無所睹。」這裡所說的「無所睹」，則表達不可知，由此不難想像當時人們對海洋的敬畏程度。

面對著恐怖而凶險的海洋，古時候的人們並沒有放棄求知的欲望，他

們以豐富的想像來滿足好奇心。其中著名的《山海經》，即是描寫海底世界風土人情，裡面所講述的人物個個奇形怪狀，「灌頭國」其人「人面有翼，鳥喙」；「長臂國」其人「手下垂至地，捕魚海中，兩手各操一魚」；「一臂國」其人「一臂一目一鼻孔」；「長股國」其人「身如中人而腳過三丈，常負長臂人入海捕魚」；「聶耳國」其人則「雙手托其耳，懸居海水中」，內容可謂豐富而神奇。

古時候的中國人也常用神話來寄託他們想征服海洋的雄心壯志，最為人們熟知的是精衛填海的故事。故事內容是掌管太陽的炎帝有一個女兒，叫女娃。有一次炎帝外出時，女娃不慎失足於東海溺死。她的靈魂化為一隻鳥 —— 精衛，為了不讓大海再奪去其他無辜的生命，精衛就發誓將大海填平，於是她每天「銜西山之木石，以堙於東海」。

在中國古代傳說中，敢向海洋發起挑戰的第一人，可能就是秦始皇了，「始皇夢與海神戰，若人狀。問占夢，博士曰：『水神不可見，以大魚蛟龍為侯』……始皇乃令入海者齎捕巨魚具，而自以連弩候大魚出射之。」

從這裡可以看出，人類始終都抱著一種矛盾的思想看待海洋。海洋的雄渾壯闊使人類感到自身的渺小，但海洋的神奇奧祕卻又讓人類產生想接近它的想法。

人類最初對海洋產生濃厚的興趣，是從海的表面開始的。當樹葉在水面上隨風飄蕩的時候，人們從中得到啟發造出了船。1973 年，在一次尋找石油的鑽探中，偶然在中國浙江餘姚發現了河姆渡古人類遺址，從厚達 2 公尺的海生貝殼層中發現了一把小型木槳，這向人們證實了船至少有 7,000 年的歷史。

　　船能夠行駛在海上，最初人類用它在海邊巡邏，以捕捉魚蝦，古書《竹書紀年》有「東狩於海，獲大魚」的文字記載。而人類駕舟遠航以探求世界的祕密，則是很久以後的事情。

　　到目前為止，人類所能考證的第一次大規模遠航是在西元前 609 年。當時的埃及法老尼科二世（Necho II）是個求知慾極其強烈的統治者，他不滿他的船隊只在地中海航行，他想知道地中海以外的世界到底是什麼樣，就僱用了一批善於航海的腓尼基水手，租用 3 艘有 50 把大槳的木船，開始了他們的探索之旅。

　　從此，人類從未停止探索海洋的腳步。就這樣，一個地方的人的視角延伸到了海的那一邊，發現了新的大陸，新的人群，感受著不同的文化、不同的境遇。接下來，他們繼續尋找，繼續過著漂流的生活，於是，無邊無際的海洋成了他們的家園。直到後來，發現海洋本是孕育生命的母親。

旅行於時間縫隙，未知地球，文明謎趣：

水晶人頭 × 南極賊鷗 × 骷髏海岸 × 死亡公路……從古老神話到現代科學，見證地球上那些令人嘆為觀止的真相與謎題

編　　著：林浩然，李建學，衡孝芬

發 行 人：黃振庭

出 版 者：崧燁文化事業有限公司

發 行 者：崧燁文化事業有限公司

E-mail：sonbookservice@gmail.com

粉 絲 頁：https://www.facebook.com/
　　　　　sonbookss/

網　　址：https://sonbook.net/

地　　址：台北市中正區重慶南路一段六十一號八
　　　　　樓 815 室

Rm. 815, 8F., No.61, Sec. 1, Chongqing S. Rd.,
Zhongzheng Dist., Taipei City 100, Taiwan

電　　話：(02)2370-3310

傳　　真：(02)2388-1990

印　　刷：京峯數位服務有限公司

律師顧問：廣華律師事務所 張珮琦律師

定　　價：350 元

發行日期：2024 年 04 月第一版

◎本書以 POD 印製

國家圖書館出版品預行編目資料

旅行於時間縫隙，未知地球，文明
謎趣：水晶人頭 × 南極賊鷗 × 骷
髏海岸 × 死亡公路……從古老神
話到現代科學，見證地球上那些
令人嘆為觀止的真相與謎題 / 林浩
然，李建學，衡孝芬 編著 . -- 第一
版 . -- 臺北市：崧燁文化事業有限
公司 , 2024.04
面；　公分
POD 版
ISBN 978-626-394-174-8(平裝)
1.CST: 地球科學
350　　　113003951

電子書購買

臉書

爽讀 APP